国家核高基重大专项课题培训课程
西安交通大学-陕西省天地网技术重点实验室组编

国产 Linux LAMP 应用宝典

高俊峰 刘 峰 编著

西安交通大学出版社
XI'AN JIAOTONG UNIVERSITY PRESS

内 容 简 介

本书按照应用型人才的培养方案和教学要求编写。

本书的目的是介绍如何使用 LAMP 技术来安装配置和开发动态网页。当读完本书后,读者应该能够开发出一个强力而高效的个人网页、强大的电子商务或是商业网站以及其他任何网络需求。

本书共分为 10 章,由四个部分组成,分别是 Linux、Apche、MySQL 和 PHP,每章内容简单扼要,主要介绍国产 Linux 系统入门、Linux 系统管理基础、Linux 下的 shell 编程、高性能 Web 服务器 Apache、MySQL 数据库基础、搭建 LAMP 环境、HTML 基础知识、层叠样式表 CSS、JavaScript 及 Ajax 和 PHP 编程语言基础。

《国产 Linux LAMP 应用宝典》注重实际应用,重点介绍了 LAMP 平台的架构及基于 LAMP 平台的信息化解决方案。学习本书可以从事基于开源软件的信息化平台开发和设计工作。本书适合于从事 Linux 平台上 Web 服务、数据库服务的从业资格认证考试读者,也可以作为大学本专科计算机专业学生学习 LAMP 平台的教材及 LAMP 平台管理人员的参考用书,当然对于那些初学者,这也是一本不错的 LAMP 入门教程。

图书在版编目(CIP)数据

国产 Linux LAMP 应用宝典/高俊峰,刘峰编著. —西安:
西安交通大学出版社,2012.7
ISBN 978-7-5605-4117-4

Ⅰ.①国… Ⅱ.①高…②刘… Ⅲ.①互联网络-网络服务器 Ⅳ.①TP368.5

中国版本图书馆 CIP 数据核字(2011)第 231959 号

书　　名	国产 Linux LAMP 应用宝典
编　　著	高俊峰　刘　峰
责任编辑	桂　亮
出版发行	西安交通大学出版社 (西安市兴庆南路 10 号　邮政编码 710049)
网　　址	http://www.xjtupress.com
电　　话	(029)82668357　82667874(发行中心) (029)82668315　82669096(总编办)
传　　真	(029)82668280
印　　刷	陕西奇彩印务有限责任公司
开　　本	727mm×960mm　1/16　印张 18.25　字数 330 千字
版次印次	2012 年 7 月第 1 版　2012 年 7 月第 1 次印刷
书　　号	ISBN 978-7-5605-4117-4/TP・558
定　　价	33.00 元

读者购书、书店添货、如发现印装质量问题,请与本社发行中心联系、调换。
订购热线:(029)82665248　(029)82665249
投稿热线:(029)82664954
读者信箱:jdlgy@yahoo.cn

版权所有　侵权必究

前言

LAMP 是 Linux、Apache、MySQL、PHP/Perl/Python 的简称。1998 年 Michael Kunze在电脑杂志 C'T 撰写的文章中首次使用了缩略语 LAMP。它所组成的各组件都是开源软件,能被很方便自由地获取,使得这些组件被广泛使用,并不断完善发展,初步形成新的软件系统格局,并可能成为开源软件系统工程化的核心模式。

LAMP 具有简易性、低成本和执行灵活等特点,使其成为业内发展最快、应用最广的服务器系统。LAMP 架构的崛起,与 J2EE 架构和.Net 架构形成了三足鼎立的竞争态势。事实证明,LAMP 是一组高效的软件,作为一个系统能够良好地运行。每个组成元素的开放式结构允许相互间顺畅而缜密地结合,从而形成了一个强大的组合。

1. Linux 操作系统

Linux 的创始人是 Linus Torvalds,他的目的是想设计一个代替 Minix 的操作系统,1991 年 9 月 Linus 在网上发布 Linux 0.01 版,1994 年 3 月 Linux 内核 1.0 版问世。由于 Linux 的源代码是开放的,因此受到了全世界开发者的广泛拥护和支持,发展速度非常迅速,形成了以社区为中心的开发模式。就是人们通常说的开源社区,这种模式已经得到了充分肯定,越来越多的人参与到开源社区中来,使得 Linux 的发展越来越快。目前 Linux 的内核已经发展到 2.6 版本。

Linux 是一种计算机操作系统内核,基于 GNU GPL v2 许可证下发行,它具有性能好、安全性高、开放自由等特点。在 GNU/Linux 系统中,Linux 其实仅是内核组件。而该系统的其余部分主要是由 GNU 工程编写并发布的程序组成。现在人们接触到的各种各样的 Linux 发行版,都包含了大量的 GNU 工程软件,包括有 shell 程序、工具、程序库、编译器及开发工具,还有许多其他程序,比如软件开发工具、Web 服务器(例如 Apache)、数据库、X Window 桌面环境(比如 GNOME 和 KDE)、办公套件(比如 OpenOffice.org),等等。所以大家更倾向使用GNU/Linux 一词来表达人们通常所说的 Linux。

现在,Linux 已经成为了一种受到广泛关注和支持的操作系统。包括 IBM 和惠普在内的一些计算机业巨头也开始支持 Linux。与其他商用 Unix 系统以及微软 Windows 相比,作为自由软件的 Linux 具有低成本、安全性高、可信赖的优势。

2. Apache WEB 服务器

Apache，一种开放源代码的 HTTP 服务器，可以在大多数计算机操作系统中运行，由于它支持多平台、安全性高，因而被广泛使用，成为最流行的 Web 服务器端软件之一。它快速、可靠并且可通过简单的 API 扩展，将 Perl/Python 等解释器编译到服务器中，得到了用户的广泛认可。

Apache 支持许多特性，大部分通过编译的模块实现。这些特性包含一些通用的语言接口支持 Perl、Python 和 PHP 流行的认证模块，包括 mod_access、mod_auth 和 mod_digest。其他的例子有 SSL 和 TLS 支持(mod_ssl)、proxy 模块、很有用的 URL 重写(由 mod_rewrite 实现)、定制日志文件(mod_log_config)，以及过滤支持(mod_include 和 mod_ext_filter)等等。

3. MySQL 数据服务器

MySQL 是一个开放源码的多用户、多线程 SQL 数据库服务器软件。开发者为瑞典 MySQL AB 公司。它通过一种编写语言如 PHP 来存储和找回数据。可以快速而高效地存储多种类型的数据，如布尔类型、文本类型、整数类型、图像类型、二进制数据和 BLOB 数据。使用数据库对于创建动态网站是十分重要的。动态网站这一概念来自于基于用户互动基础上能够使用单页代码而显示不同信息。如果不使用数据库和编写语言(如 PHP)来操控数据，这一切实现起来都是不可能的。

MySQL 具有诸多特性，如数据复制、表格锁定、询问限制、用户账号、多层数据库、持续连接以及 MySQL5 的存储过程、触发器和视图等。

目前 MySQL 被广泛地应用在 Internet 上的中小型网站中。由于其体积小、速度快、总体拥有成本低，尤其是开放源码这一特点，许多中小型网站为了降低成本而选择了 MySQL 作为网站数据库，对于中小型应用系统是非常理想的。MySQL 支持多种平台，在 Unix 系统上该软件支持多线程运行方式，从而获得更好性能。它同时支持 Linux、Windows、Solaris 等主流操作系统。

4. PHP 脚本语言

PHP 是一种流行的开放源代码的编程语言，主要用于开发服务器端应用程序及动态网页。PHP 原始的缩写是"Personal Home Page"，现在官方正式定为"PHP:Hypertext Preprocessor"的递归缩写。PHP 程序是开放源代码最流行的一种脚本语言，可以用于替代微软的 ASP 语言、Oralce/Sun 公司的 JSP/Java 体系，以及 CGI/Perl 等。它是一种嵌入 HTML 页面中的脚本语言。PHP 在 Web 服务器上运行。当 PHP 脚本被客户端请求时，被请求的程序开始执行，并把执行的结果返回给客户端的网页浏览器。发送给客户端浏览器的内容是普通的 HTML 文本，不包含 PHP 代码。这是与嵌入 HTML 的客户端脚本最主要的区别。

LAMP代表着当今人类对科技发展的一种新的态度、新的理想,代表着科技发展的一种新的模式、新的文化理念。在全球财富500强企业中,有70%的企业采用Linux承担企业核心业务,全球半数以上的互联网服务器采用开源软件。这里所涉及到的开源软件产品包括:Linux操作系统(68%)、Apache(67%)、PHP开源脚本语言(53%)和开源数据MySQL(52%)。作为开源软件组合,LAMP已被称为开源软件中的启明之灯。

感谢西安交通大学郑庆华教授、刘钧教授在本课题的推进过程中给予的悉心指导!

本书由高俊峰、刘峰编著。西安交通大学电信学院的研究生陈小云、王军、郑炎、南宏朕、仵中翰、陈月望、陈成、李重重、王志鹏、潘军、刘晨、尹超等参与了本书部分编写工作,感谢他们的大力配合与支持。

衷心希望通过国家核高基重大专项课题的推动,使得国产基础软件在全国范围内逐步展开学习、使用热潮,让广大计算机爱好者从认识国产软件、了解国产软件逐步发展到使用、学习国产软件。我们相信在各大国产基础软件厂商的鼎力支持和大力推广之下,国产基础软件必将得到广泛的应用和发展!

由于时间仓促,水平有限,疏漏之处在所难免,敬请读者批评指正。

本教材对应的在线学习域名为:http://hgj.open.com.cn

编 者
2012年3月

目　录

第 1 章　国产 Linux 系统入门 ……………………………………… (1)
1.1　中标普华 Linux 简介 ………………………………………… (1)
1.2　安装中标普华 Linux …………………………………………… (2)
1.2.1　安装前的准备工作 ………………………………… (2)
1.2.2　中标普华 Linux 桌面的安装方式 ………………… (9)
1.2.3　中文图形化安装 …………………………………… (13)
1.2.4　安装完成 …………………………………………… (23)

第 2 章　Linux 系统管理基础 ……………………………………… (24)
2.1　Linux 控制台 …………………………………………………… (24)
2.2　系统与硬件 ……………………………………………………… (24)
2.2.1　Linux 硬件资源管理 ………………………………… (24)
2.2.2　Linux 外在设备的使用 ……………………………… (29)
2.3　文件系统结构介绍 ……………………………………………… (31)
2.3.1　目录结构 …………………………………………… (31)
2.3.2　系统核心组成 ……………………………………… (36)
2.4　运行机制介绍 …………………………………………………… (38)
2.4.1　系统运行级 ………………………………………… (38)
2.4.2　系统启动过程 ……………………………………… (42)
2.4.3　系统关机过程 ……………………………………… (43)

第 3 章　Linux 下的 shell 编程 …………………………………… (46)
3.1　什么是 shell ……………………………………………………… (46)
3.2　shell 命令的语法分析 …………………………………………… (47)
3.2.1　shell 的命令格式 …………………………………… (47)
3.2.2　shell 的通配符 ……………………………………… (48)
3.2.3　shell 的重定向 ……………………………………… (49)
3.2.4　shell 的管道 ………………………………………… (51)
3.2.5　shell 中的引用 ……………………………………… (51)
3.2.6　shell 的自动补齐命令行 …………………………… (52)

第 4 章 高性能 Web 服务器 Apache ……………………………… (54)
4.1 Apache 简介 ………………………………………………… (54)
4.2 安装 Apache ………………………………………………… (55)
4.3 Apache 的配置 ……………………………………………… (56)
4.3.1 Apache 的目录结构 ……………………………… (56)
4.3.2 Apache 的配置文件 ……………………………… (56)
4.3.3 httpd.conf 基本设定 ……………………………… (57)

第 5 章 MySQL 数据库基础 ……………………………………… (65)
5.1 数据库系统的组成 …………………………………………… (65)
5.2 MySQL 数据库的特点 ……………………………………… (65)
5.3 MySQL 数据库的安装 ……………………………………… (66)
5.4 登录 MySQL ………………………………………………… (67)
5.5 MySQL 的几个重要目录 …………………………………… (68)
5.6 修改登录密码 ………………………………………………… (69)
5.7 启动与停止 …………………………………………………… (69)
5.8 更改 MySQL 目录 …………………………………………… (70)
5.9 MySQL 的常用操作 ………………………………………… (71)
5.10 增加 MySQL 用户 ………………………………………… (73)
5.11 备份与恢复 ………………………………………………… (74)
5.12 phpMyAdmin 的安装与配置 ……………………………… (74)
5.12.1 phpMyAdmin 的安装 …………………………… (74)
5.12.2 图文详解 phpMyAdmin ………………………… (75)

第 6 章 搭建 LAMP 环境 ………………………………………… (86)
6.1 LAMP 概述 ………………………………………………… (86)
6.2 搭建 LAMP 环境所需软件包 ……………………………… (87)
6.3 搭建 PHP 环境 ……………………………………………… (88)
6.3.1 安装 Apache ……………………………………… (88)
6.3.2 安装 jpeg6 建立目录 …………………………… (88)
6.3.3 libpng 包(支持 PNG) …………………………… (89)
6.3.4 安装 freetype …………………………………… (89)
6.3.5 安装 zlib ………………………………………… (89)
6.3.6 安装 GD 库 ……………………………………… (89)
6.3.7 安装 CURL 库 …………………………………… (90)

6.3.8 安装 php5 …… (90)
6.4 配置 PHP …… (91)
6.5 安装与配置 MySQL …… (92)
6.6 配置 Apache 支持 PHP …… (92)
6.7 测试 LAMP 环境 …… (93)

第 7 章 HTML 基础知识 …… (95)

7.1 HTML 的基本概念 …… (95)
  7.1.1 HTML 简介 …… (95)
  7.1.2 HTML 的结构概念 …… (95)
  7.1.3 HTML 的标记 …… (96)
  7.1.4 HTML 的发展历史 …… (96)
7.2 HTML 基本标记 …… (97)
  7.2.1 头部标记——<head> …… (97)
  7.2.2 标题标记——<title> …… (97)
  7.2.3 元信息标记——<meta> …… (98)
  7.2.4 基底网址标记——<base> …… (98)
  7.2.5 页面的主体标记——<body> …… (100)
7.3 段落与文字 …… (108)
  7.3.1 标题文字的建立 …… (108)
  7.3.2 文字格式标记 …… (111)
  7.3.3 段落标记 …… (112)
  7.3.4 水平线标记 …… (113)
  7.3.5 其他标记 …… (114)
7.4 列　表 …… (114)
  7.4.1 无序列表标记——ul …… (115)
  7.4.2 有序列表标记——ol …… (116)
  7.4.3 定义列表标记——dl …… (117)
  7.4.4 菜单列表标记——menu …… (119)
  7.4.5 目录列表——dir …… (120)
7.5 超链接 …… (121)
  7.5.1 超链接基本知识 …… (121)
  7.5.2 超链接的建立 …… (123)

第8章 层叠样式表 CSS ……(124)

  8.1 CSS 概述 ……(124)
  8.2 CSS 基本语法 ……(125)
  8.3 CSS 高级语法 ……(127)
  8.4 id 选择器 ……(130)
  8.5 CSS 类选择器 ……(131)
  8.6 如何创建 CSS ……(133)
    8.6.1 如何插入样式表 ……(133)
    8.6.2 多重样式 ……(134)
  8.7 CSS 背景 ……(134)
    8.7.1 背景色 ……(135)
    8.7.2 背景图像 ……(135)
    8.7.3 背景重复 ……(135)
    8.7.4 背景定位 ……(136)
    8.7.5 背景关联 ……(138)
  8.8 CSS 文本 ……(138)
    8.8.1 缩进文本 ……(139)
    8.8.2 水平对齐 ……(140)
    8.8.3 justify ……(140)
    8.8.4 字间隔 ……(141)
    8.8.5 字母间隔 ……(141)
    8.8.6 字符转换 ……(142)
    8.8.7 文本装饰 ……(142)
    8.8.8 处理空白符 ……(143)
    8.8.9 文本方向 ……(143)
  8.9 CSS 字体 ……(144)
    8.9.1 指定字体 ……(144)
    8.9.2 CSS 字体属性 ……(145)
  8.10 CSS 列表、CSS 表格与 CSS 轮廓 ……(146)
    8.10.1 CSS 列表 ……(146)
    8.10.2 CSS 表格 ……(147)
    8.10.3 CSS 轮廓 ……(147)

第9章 JavaScript 及 Ajax ……(148)

  9.1 在页面中添加 JavaScript 代码 ……(148)

9.2 JavaScript 数据类型和值 ……………………………………………… (149)
　9.2.1　数字 ……………………………………………………………… (149)
　9.2.2　字符串 …………………………………………………………… (149)
　9.2.3　布尔值 …………………………………………………………… (150)
　9.2.4　函数 ……………………………………………………………… (150)
　9.2.5　对象 ……………………………………………………………… (150)
　9.2.6　数组 ……………………………………………………………… (153)
　9.2.7　null ………………………………………………………………… (154)
　9.2.8　undefined ………………………………………………………… (154)
　9.2.9　date 对象 ………………………………………………………… (154)
　9.2.10　正则表达式 ……………………………………………………… (155)
　9.2.11　Error 对象 ………………………………………………………… (155)
　9.2.12　基本数据类型的包装对象 ……………………………………… (157)
9.3 JavaScript 变量 …………………………………………………………… (158)
　9.3.1　变量的类型 ………………………………………………………… (158)
　9.3.2　变量的声明 ………………………………………………………… (158)
　9.3.3　变量的作用域 ……………………………………………………… (158)
　9.3.4　基本类型和引用类型 ……………………………………………… (160)
　9.3.5　无用存储单元的收集 ……………………………………………… (161)
　9.3.6　作为属性的变量 …………………………………………………… (161)
　9.3.7　深入理解变量作用域 ……………………………………………… (161)
9.4 JavaScript 表达式和运算符 …………………………………………… (162)
　9.4.1　表达式 ……………………………………………………………… (162)
　9.4.2　运算符概述 ………………………………………………………… (162)
　9.4.3　算术运算符 ………………………………………………………… (163)
　9.4.4　相等运算符 ………………………………………………………… (163)
　9.4.5　关系运算符 ………………………………………………………… (164)
　9.4.6　字符串运算符 ……………………………………………………… (164)
　9.4.7　逻辑运算符 ………………………………………………………… (164)
　9.4.8　逐位运算符 ………………………………………………………… (164)
　9.4.9　赋值运算符 ………………………………………………………… (165)
　9.4.10　其他运算符 ………………………………………………………… (165)
9.5 JavaScript 语句 …………………………………………………………… (166)
　9.5.1　if 语句 ……………………………………………………………… (166)

  9.5.2 else if 语句 …………………………………… (167)
  9.5.3 switch 语句 …………………………………… (167)
  9.5.4 while 语句 ……………………………………… (168)
  9.5.5 do/while 语句 ………………………………… (169)
  9.5.6 for 语句 ………………………………………… (169)
  9.5.7 break 语句 ……………………………………… (169)
  9.5.8 continue 语句 ………………………………… (170)
  9.5.9 return 语句 …………………………………… (170)
  9.5.10 throw …………………………………………… (171)
  9.5.11 try/catch/finally ……………………………… (171)
  9.5.12 空语句 ………………………………………… (172)
 9.6 JavaScript 函数 ……………………………………… (172)
  9.6.1 函数的定义和调用 …………………………… (172)
  9.6.2 作为数据的函数 ……………………………… (174)
  9.6.3 函数的作用域 ………………………………… (175)
  9.6.4 arguments 对象 ……………………………… (175)
  9.6.5 函数的属性和方法 …………………………… (177)
 9.7 正则表达式 …………………………………………… (178)
  9.7.1 正则表达式的定义 …………………………… (178)
  9.7.2 用于模式匹配的 string 方法 ………………… (180)
  9.7.3 RegExp 对象 ………………………………… (181)
 9.8 AJAX 简介 …………………………………………… (183)
  9.8.1 AJAX 定义 …………………………………… (183)
  9.8.2 现状与需要解决的问题 ……………………… (184)
  9.8.3 为什么使用 AJAX …………………………… (185)
  9.8.4 谁在使用 AJAX ……………………………… (186)
  9.8.5 用 AJAX 改进设计 …………………………… (186)
  9.8.6 AJAX 的缺陷 ………………………………… (187)
 9.9 AJAX 开发 …………………………………………… (188)
  9.9.1 AJAX 应用到的技术 ………………………… (188)
  9.9.2 AJAX 开发框架 ……………………………… (190)
  9.9.3 简单的示例 …………………………………… (193)

第 10 章　PHP 编程语言基础 …………………………………… (197)
 10.1 PHP 概述 …………………………………………… (197)

10.1.1	PHP 历史	(197)
10.1.2	PHP 的工作原理	(198)

10.2 PHP 入门 …………………………………………………… (198)
    10.2.1 一个简单的 PHP 程序 ……………………………… (199)
    10.2.2 PHP 代码在 HTML 中的嵌入形式 ………………… (200)
    10.2.3 引用文件 ……………………………………………… (203)

10.3 PHP 的数值类型和运算符 ………………………………… (203)
    10.3.1 数值类型 ……………………………………………… (203)
    10.3.2 常量 …………………………………………………… (209)
    10.3.3 变量 …………………………………………………… (211)
    10.3.4 运算符 ………………………………………………… (217)

10.4 PHP 的基本控制语句 ……………………………………… (222)
    10.4.1 表达式 ………………………………………………… (222)
    10.4.2 分支控制语句 ………………………………………… (223)
    10.4.3 循环控制语句 ………………………………………… (228)
    10.4.4 函数 …………………………………………………… (234)

10.5 PHP 的面向对象编程 ……………………………………… (237)
    10.5.1 类 ……………………………………………………… (237)
    10.5.2 继承 …………………………………………………… (240)
    10.5.3 构造函数 ……………………………………………… (242)
    10.5.4 析构函数 ……………………………………………… (245)
    10.5.5 范围解析操作符 ……………………………………… (246)
    10.5.6 parent ………………………………………………… (247)
    10.5.7 序列化对象 …………………………………………… (248)
    10.5.8 魔术函数 sleep 和 wakeup ………………………… (249)

10.6 构造函数中的引用 ………………………………………… (250)

10.7 PHP 与 MySQL 的协同工作 ……………………………… (253)
    10.7.1 PHP 的 MySQL 数据库函数 ……………………… (254)
    10.7.2 PHP 的记录操作 …………………………………… (266)

参考文献 ………………………………………………………… (277)

第 1 章
国产 Linux 系统入门

世界上的操作系统种类繁多,如微软的 Windows、自由的 Linux、先进稳定的 UNIX,还有古老的 DOS 等等,但是并没有一款国产操作系统。在 1999 年,持续多年的"中国要不要开发国产自主操作系统"的争论开始淡出,政府和业界就"不强调国家安全,再强大的经济基础也没有保障"逐步达成了共识。关于操作系统的争论,焦点已不再是"该不该做",而是转为"如何做"。

也正是在 1999 年,国际 Linux 热潮席卷中国,冲浪、蓝点、中软、中科红旗等企业纷纷投身于 Linux 国产化研发,并先后发布了各自的国产 Linux 操作系统。随着 Xteam Linux、BluePoint Linux、红旗 Linux、COSIX Linux 等国产 Linux 操作系统的出现,Linux 开始逐渐变为国产操作系统的主流,出现在大众视野。国产操作系统的"星星之火",开始点燃。

转眼间,十几年过去了,在政府和业界的努力之下,国产操作系统的"星星之火"不仅没有熄灭,反而渐显燎原之势,以中标软件、中科红旗为代表的国产操作系统企业,正在羽翼日丰,其产品已经在政府、军队、教育、电信、金融等行业内应用,而国外操作系统厂商,例如微软、IBM 等在中国的垄断地位,正在被一点点撼动。

其实,推动国产 Linux 操作系统发展有三大事件:2002 年国产软件集体中标政府采购;2006 年"正版化运动"加速 Linux 普及;2009 年"核高基"支撑国产 Linux 企业做大做强。这些事件都强大地推动了国产 Linux 系统在国内的飞速发展。

本章重点介绍中标普华 Linux 桌面操作系统的发展历程和安装过程。带领大家踏入国产 Linux 操作系统之门。

1.1 中标普华 Linux 简介

中标普华 Linux 桌面软件是上海中标软件有限公司发布的面向桌面应用的操作系统产品。中标普华 Linux 桌面软件提供丰富的应用程序、完善的在线升级机制、全新设计的用户界面和统一的管理工具入口、简单实用的桌面小程序、炫酷的 3D 桌面特效;全面支持中国移动、中国电信、中国联通的 3G 业务;满足政府、企业及个人用户的使用需求,是政府、企业、个人办公娱乐的首选平台。

中标普华 Linux 桌面采用先进的在线软件仓库管理机制,为用户提供丰富的应用软件,包括办公工具、网络工具、常用工具、完整的开发平台及教育、游戏等软件,通过图形管理工具可以方便地进行安装使用。

同时,中标普华 Linux 桌面采用完善的在线升级机制,可及时提醒用户进行在线升级,无需用户过多干预,及时更新中标软件发布的安全更新和漏洞修复,保证用户的系统和数据的安全性。

中标普华 Linux 桌面采用开放的、一架式系统设计方案;支持 Windows 软件运行;支持 LSB 3.2,可以保证应用程序兼容性;提供对市场主流第三方软件的支持;全面遵循开放标准,满足多层次开发需求。用户只需较少的投入即可获取功能强大和配套完善的中标普华 Linux 桌面环境。

中标普华 Linux 桌面秉承人性化、效率化、实用化的设计理念,为用户提供完整的个人桌面办公解决方案,全面提升的性能与操作方式给用户全新的体验。

中标普华 Linux 桌面采用最新的稳定核心、硬件驱动及上层软件包,能够支持目前市场主流硬件,提供更完善的硬件支持。

中标普华 Linux 桌面提供企业级特性支持能力,全面支持网络集中认证(LDAP、NIS、Kerberos、SMB),方便企业统一管理。创新的远程桌面接管功能,能够通过浏览器随时访问本地桌面环境,使得远程管理与远程协作成为可能。同时,无论是 Windows 网络环境还是 UNIX 网络环境,中标普华 Linux 桌面都能够很好地融入其中,共享和访问网络环境中的各种资源(文件、打印机、服务器等)。

中标普华 Linux 桌面定位为满足日常办公、上网浏览、收发邮件、网上信息共享、电子政务以及个人娱乐需要的桌面系统平台。中标普华 Linux 桌面基于 Linux 开放技术,在开发满足客户需求功能的同时,充分考虑用户的使用习惯、操作背景,对系统的易用性、友好性、可靠性方面进行了全新的设计。

中标普华 Linux 桌面在设计上充分考虑使用习惯、文件和数据兼容等问题。采用全新设计的图形界面环境,最大限度地兼顾用户原有的使用习惯,充分体现了人性化设计理念;外观优雅大方、风格清新,使新老用户都能够轻松上手;资源管理器中集成了文件管理器、网上邻居、控制面板、打印机、移动存储设备访问等常用功能,方便用户使用;Windows 用户可轻松掌握并使用,不需要额外培训和学习。

1.2 安装中标普华 Linux

1.2.1 安装前的准备工作

安装中标普华 Linux 桌面是一个简单而轻松的过程,如果在开始安装之前,花一点时间做好必要的准备工作,更能达到事半功倍的效果。

1. 光盘启动安装的准备工作

如果计算机的 BIOS 支持光驱引导,那么插入中标普华 Linux 桌面安装光盘,设置 BIOS 后就可以直接从光驱安装了。启动中标普华 Linux 桌面安装程序后,首先出现在您面前的是中标普华 Linux 桌面安装程序功能选择界面,如图 1-1 所示。其中包括的选择项有:

1)从硬盘引导 直接从硬盘引导启动已安装好的中标普华 Linux 桌面;

2)安装 进入图形化安装界面安装中标普华 Linux 桌面;

3)修复系统 恢复拯救系统文件。如果系统不能正常启动,这个选项是很有用的。它将在 RAM 中启动一个小的 Linux 系统。启动系统后,以 root 登录,可对安装系统做各种各样的改变。因为仅有很少的低级工具在这个 RAM 中的系统里可获得,所以它仅适用于一些 Linux 专家级别的用户。

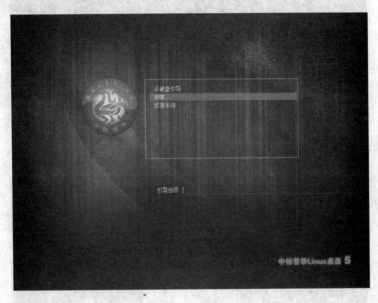

图 1-1 图形化安装功能选择界面

2. 硬盘启动安装的准备工作

如果 BIOS 不支持从光盘引导,用户可以在本地硬盘上制作自己的引导装载程序(例如可以使用 loadlin、grub4dos 等工具引导系统),通过它进入中标普华 Linux 桌面系统安装过程。

如果硬盘中已经安装了中标普华 Linux 桌面系统,首先建立一个目录,例如 /opt,把启动所需的文件 vmlinuz 和 initrd.img 复制到该目录下。

重新启动计算机,从硬盘直接启动或者在安装程序功能选择界面(如图1-1所示)中,选择【从硬盘引导】,进入硬盘启动界面如图1-2所示。

图1-2 中标普华桌面启动

启动前按键盘上的Esc键,弹出文本引导选择界面(如图1-3所示)。

图1-3 文本方式确认

按【确定】按钮。进入文本方式引导界面(如图 1-4 所示)。

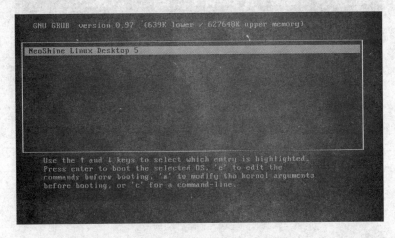

图 1-4　文本方式启动

键入 e 进入编辑启动命令界面(如图 1-5 所示)。

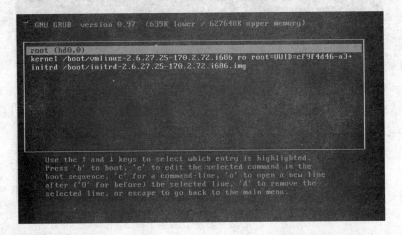

图 1-5　启动文件编辑

选择需要修改的命令(如图 1-6 所示)。

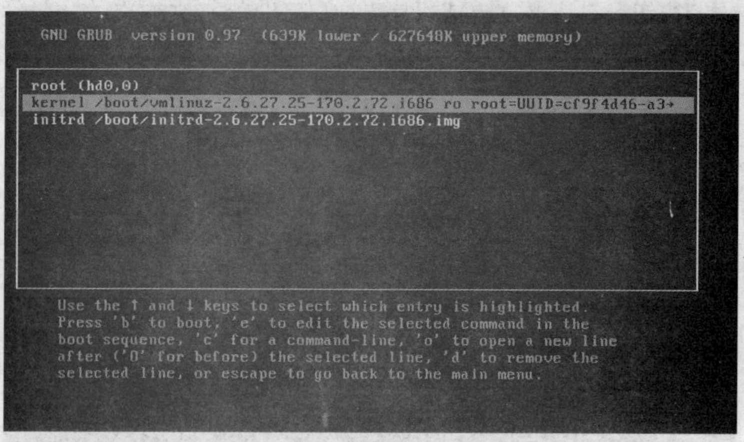

图 1-6 选择启动命令

键入 e 修改启动文件(如图 1-7 所示)。

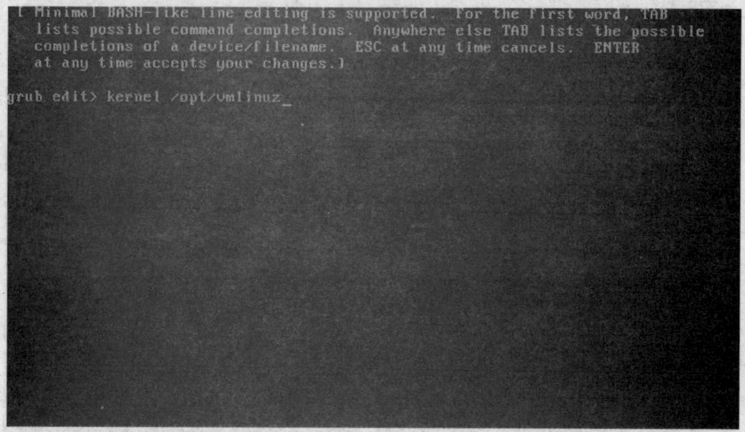

图 1-7 修改后的命令行

键入回车确认,其他行按同样方式修改,修改完成后的界面如图 1-8 所示。

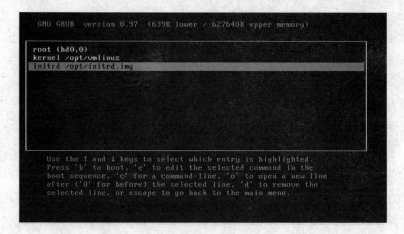

图 1-8 修改后的启动界面

键入 b 开始引导系统,进入选择语言界面(如图 1-9 所示)。

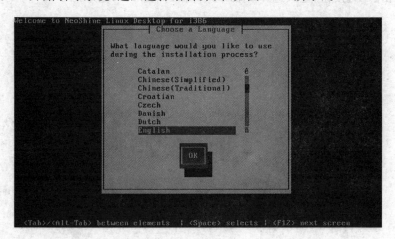

图 1-9 选择语言

点击【OK】按钮,进入选择键盘方式界面(如图 1-10 所示)。

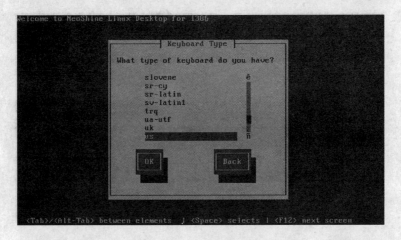

图 1-10　选择键盘方式

点击【OK】按钮,进入选择安装方式界面(如图 1-11 所示)。

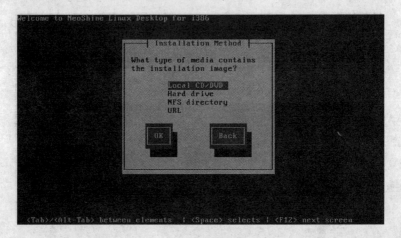

图 1-11　选择安装方式

这时就成功地引导了安装程序,可以选择具体的安装方式进行安装了。

3. 硬盘空间的准备

(1)硬盘分区

建议用户在安装中标普华 Linux 桌面前至少准备 5G 硬盘空间,并且把它与计算机上其他操作系统(如 Windows、OS/2 或其他版本的 Linux)使用的硬盘空间区分开。

一块硬盘可以划分成多个分区,各分区相互独立,访问每个分区就像访问不同的硬盘一样简单。每个分区如何存储数据依赖于各分区的文件系统类型,通常 Linux 分区使用 ext3 格式的文件系统。

安装中标普华 Linux 桌面 5.0 至少需要两个硬盘分区:一个 Linux Native 类型分区和一个 Linux Swap 类型分区。

注意　如果我们的硬盘上存在其他操作系统,请谨慎操作,该操作将造成这些数据丢失,不可恢复。

(2) 分区命名设计

Linux 通过字母和数字的组合来标识硬盘分区(而 DOS 或 Windows 使用 C、D、E 来标识硬盘分区),如 sda3、sda、sdb 等。这里简单介绍这种命名方式:标识中的前两个字母,表明此分区所在硬盘的类型,通常使用 sd;标识中的第三个字母,表明此分区在哪块硬盘上。例如:sda 是第一块硬盘,sdb 是第二块硬盘,sdc 是第三块硬盘,依次类推。

标识中的数字代表硬盘中分区的次序。数字 1—4 表示主分区或扩展分区,5 以上表示逻辑分区。例如:sda3 是第一块硬盘上的第三个主分区或扩展分区,sdb2 是第二块硬盘上的第二个主分区或扩展分区。

(3) 重新分区的策略

① 使用未分配的空闲空间。在这种情况下,已定义的分区未占满整个硬盘空间(一块空硬盘也属于这种情况),您只需在未用空间创建所需的分区即可。

② 使用现有未使用的分区。在这种情况下,可以直接使用这个分区,使用前请别忘了修改分区类型。

③ 使用已用的分区。这是最棘手的情况,必须做一次完全的备份,然后删除一个大的分区,创建几个小的分区。在创建了小分区之后,可以重新安装操作系统,恢复数据,然后继续安装中标普华 Linux 桌面。这种方式会破坏分区中的数据,甚至会破坏原有的操作系统。我们不建议您使用这种方式。

1.2.2　中标普华 Linux 桌面的安装方式

中标普华 Linux 桌面提供了多种安装方式的选择(包括光盘、硬盘、移动介质、NFS 网络安装等),在初始界面的"引导选项"输入框中,您用键盘输入"askmethod",然后回车,即可进入后续的界面(如图 1-11 所示),选择您所需的安装方式。

1. CD-ROM 安装

如果您购买了中标普华 Linux 桌面产品,会得到中标普华 Linux 桌面安装光盘。将 BIOS 设为从光盘引导,然后将安装光盘插入您的光盘驱动器,重新启动计算机,您就可以开始安装中标普华 Linux 桌面系统了(如图 1-1 所示),直接选择默认"安装"选项。

或者通过修改硬盘文件引导方式成功引导安装程序后,在引导装载程序界面(如图1-12所示)中将提示从 Local CD/DVD(本地光盘)安装,将安装光盘插入光盘驱动器,一旦光盘已经在驱动器中,选择【OK】,然后按回车,进入到图形安装界面,按照提示即可完成安装。

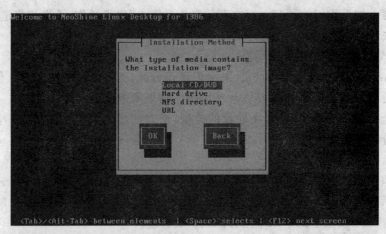

图 1-12 Local CD-ROM 安装

2. 硬盘安装

如果没有中标普华 Linux 桌面 5.0 的安装光盘,也可以将 ISO 映像下载或拷贝到本地硬盘驱动器中,执行硬盘安装。此时,您需要选择图 1-12 中所示的【Hard drive】选项(如图 1-13 所示)。

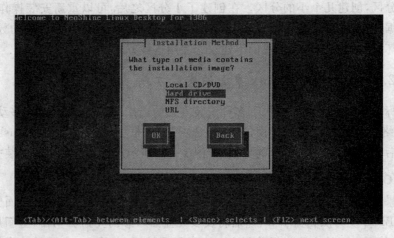

图 1-13 硬盘安装

硬盘安装需要使用 ISO 映像文件,首先把中标普华 Linux 桌面 5.0 的 ISO 映像文件存放到本地硬盘中的某个位置。成功引导后,需要为安装程序指定 ISO 映像所在目录的位置,而且把 ISO 映像文件展开后的 image 目录复制到该目录下,见图 1-14 所示。

在 Select Partition(选择分区)界面中指定包含 ISO 映像的分区设备名。如果 ISO 映像不在该分区的根目录中,则需要在 Directory holding images(包含映像的目录)中输入映像文件所在的路径。例如,ISO 映像在/dev/hda1 中的/mnt 中,则输入 /mnt。

选择【OK】,进入到图形安装界面,按照提示即可完成安装。

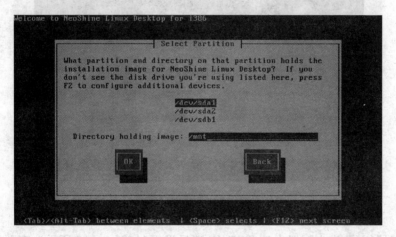

图 1-14 硬盘安装

注意 如果要将 ISO 映像文件存放在硬盘的 Windows 分区中,请确保该分区的文件系统是 fat16、fat32 格式!

3. NFS 安装
(1)NFS 服务器配置
NFS 服务器配置步骤如下。
・使用 NFS 安装首先在一台支持 ISO—9660 文件系统的 NFS 服务器上建立一个空目录(例如:/mnt)。
・将中标普华 Linux 桌面安装光盘的内容 mount 或拷贝到该目录下。
・修改/etc/export 文件,添加一行内容(内容为/mnt ＊(rw,sync)),保存后退出。
・由超级用户在终端上输入以下两条命令:
service portmap restart

```
#service nfs restart
```
·关闭服务器的防火墙服务。

服务器配置完毕后应该保证您能通过域名服务器或 IP 地址访问到 NFS 服务器下的这个目录,然后通过 NFS 网络安装开始安装最新的中标普华 Linux 桌面系统。

(2) NFS 网络安装

如果您希望通过网络安装中标普华 Linux 桌面,那么请采用 NFS 安装方式,如图 1-15 所示。

图 1-15 NFS 安装

选择【OK】,进入配置本地 TCP/IP 选择界面(如图 1-16 所示),有两种配置方式:自动和手工,本例选择手工配置。

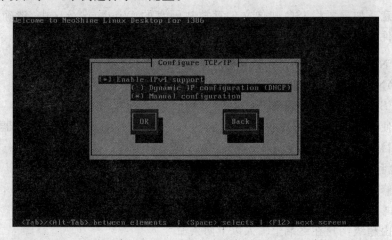

图 1-16 选择配置方式

选择【OK】,进入配置本地 TCP/IP 输入界面(如图 1-17 所示,其中 10.1.11.46 是 IP 地址,255.255.0.0 是掩码,10.1.0.254 是网关,59.108.119.3 是服务器(DNS)地址)。

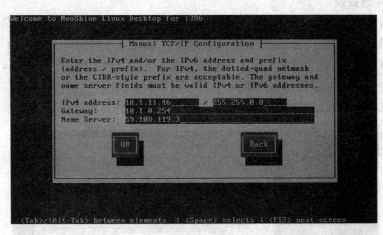

图 1-17　输入配置地址

选择【OK】,进入 NFS 服务器地址输入界面(如图 1-18 所示)。

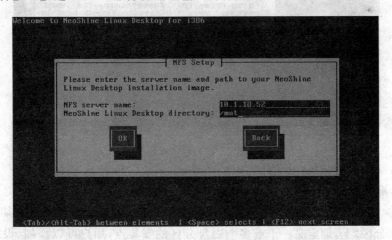

图 1-18　NFS 服务器地址

选择【OK】,进入到图形安装界面,按照提示即可完成安装。

1.2.3　中文图形化安装

中标普华 Linux 桌面为用户提供了最直观、易用的中文图形化安装方式。这也是系统缺省使用的安装方式。现在就请阅读本章,开始使用最新的中文图形化界面来安装最新的中标普华 Linux 桌面系统。

1. 开始安装

前面各种方式设置完成后,进入中文图形安装环境。稍后将看到安装引导画面,没有烦乱的字符信息显示,提供给用户友好的交互界面。如果我们的计算机,由于某种原因(如显卡未识别),而不能进入图形安装环境,中标普华 Linux 桌面安装系统会自动切入字符安装环境。

系统显示安装许可协议,如图 1-19 所示,选择【接受】后,点击【下一步】。

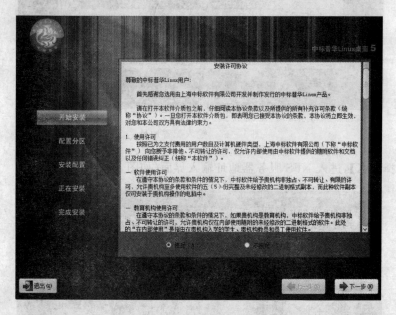

图 1-19　开始安装

2. 配置分区

"【配置分区】"步骤的目的是要将中标普华 Linux 桌面安装在硬盘的某个确定的位置(分区)上,即定义一个或多个磁盘分区的安装点,用户可以添加、设置或删除分区。安装中标普华 Linux 桌面至少需要一个适当大小的 Linux 根分区(Linux Native)和一个不小于 16MB 的交换分区(Linux Swap)(交换分区的大小推荐使用物理内存的 2 倍)。

1) Swap 分区　Swap 分区(交换分区)是用来支持虚拟内存的,Swap 分区最少要和物理内存一样大,通常选用物理内存的 1~2 倍。

2) / 分区　"/"(根分区)是存放所有文件的地方。这样设置的话,所有文件将被放在根分区。(若不建/boot 分区,则系统会自动在根分区中建立一个/boot 目录)。

可以根据具体情况来选择分区方案。如图 1-20 所示,默认方案为中间的【自动分区】。

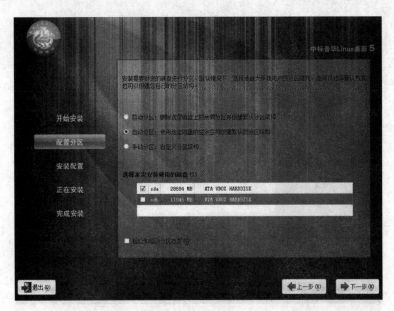

图 1-20 选择分区方案

- 第一种 自动分区

删除选定硬盘上的所有分区并创建默认分区结构,也就是在选定的整个硬盘空间上自动建立一个根分区和一个交换分区。

注意 如果硬盘上存在其他内容,请谨慎操作。

- 第二种 自动分区

使用选定硬盘的空余空间创建默认分区结构,也就是会在整个硬盘空闲空间上自动建立一个根分区和一个交换分区。这种方式保持我们已有的数据不被删除。这是默认的分区方式,适合没有分区经验的普通用户。

注意 如果我们的硬盘上空闲空间不够,系统会显示错误信息,提示用户改用手工分区方式。

- 第三种 手动分区

在建立分区之前,需要足够大的硬盘空间,中标普华 Linux 桌面系统至少需要 5GB 的硬盘空间。我们需要选择一块硬盘空间,可以是一块空闲空间,也可以是一块已有分区。对已经存在的空间,安装程序将删除掉上面的所有数据。

在图1-20中如果选择手动分区,系统会显示如图1-21所示的界面(假如计算机中有两块硬盘)。

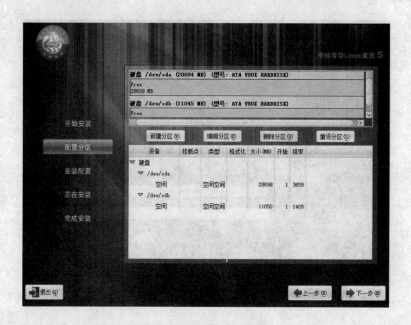

图1-21 设置前的分区列表

如果直接点击【下一步】,系统会在整个空闲空间上自动建立一个根分区,根分区缺省使用ext3文件系统,交换分区的大小一般是内存大小的2倍。

注意 在继续安装之前,必须创建一个根(/)分区,否则,安装程序将不知在哪里安装中标普华Linux桌面系统。我们的硬盘上至少需要一个交换分区(Swap),如果没有,请您建立一个,分区大小最好是计算机内存大小的2倍。

在图1-21中可以看到当前硬盘及其分区显示,可以使用分区工具来新建、编辑、删除或重设系统上的分区。

硬盘的图形化表示可以让我们看到各类建立的分区已被分配了多少空间。在图形化表示之下,可以看到一个显示现存分区的文件系统层次的列表。用鼠标单击分区来突出显示某分区,或双击来编辑该分区。中间一行按钮控制着分区工具的行动。我们可以在这里新建、编辑、删除、重设分区,如表1-1所示。

表 1-1　选项名称及含义

选项名称	选项含义
设备	显示硬盘的名字
挂载点	该分区将被挂载的目录名
类型	该分区文件系统的类型
格式化	是否格式化该分区
大小	该分区的大小，单位为 MB
开始	该分区开始扇区
结束	该分区结束扇区

按钮包括【新建分区】、【编辑分区】、【删除分区】、【重设分区】等，具体含义如表 1-2 所示。

表 1-2　按钮名称及其含义

按钮名称	表示含义
新建分区	用来新建一个分区。当选择此按钮时，就会出现一个对话框，要求填写安装点、大小、分区类型等内容
编辑分区	用来修改一个分区的属性。首先在分区栏加亮选择要修改的分区，选择此按钮，出现一个对话框，其中有些内容会因分区信息是否已写入磁盘而有所不同
删除分区	用来删除一个分区。在分区栏加亮选择要删除的分区。选择此按钮，会要求确认操作
重设分区	用来恢复磁盘修改的分区。选择此按钮，之前的所有分区操作将被取消

(1) 新建分区

要创建分区按【新建分区】按钮，弹出如图 1-22 所示的对话框（如果没有分区，全部为空闲空间）。在【添加分区】对话框进行配置，其中包括【挂载点】、【文件系统类型】和【大小】。

1) 挂载点　选中相关分区，选择或输入挂载点。例如：要设为根分区，选择"/"。

2) 文件系统类型　包括不同的 Linux 文件系统文件类型，如 ext3、ext2 和 swap。默认是选择安装 ext3 文件系统。

3) 允许的硬盘驱动器

一个允许的设备列表，选择的硬盘才是当前正在分区的硬盘，非选择的硬盘是

图1-22 添加分区

不能在其上分区的。通过选择不同的可选项,可以按我们的意愿来分区。

4)大小　要建立的文件系统的大小,单位为 MB,缺省为 100MB。

5)其他大小选项　①固定大小:使用大小输入框中输入分区的大小。②指定最大空间(MB):指定该分区最大占用的空间,如果超过了硬盘上最大可用空间,则占用最大可用空间。③使用全部可用空间:使用硬盘上最大可用空间。

6)强制为主分区　强制将新建分区设定为主分区。

7)确定　以上各步骤完毕后,选择此按钮或按下回车键确认创建分区。

8)取消　按此按钮取消创建分区。

(2)编辑分区

编辑某个分区时请双击该分区或选中相应分区然后点击【编辑分区】按钮。对已存在的分区,用户可以改变其挂载点和文件系统,如图1-23所示;对新建立的分区,用户可以改变该分区的所有信息。

(3)删除分区

在分区栏选中要删除的分区,点击【删除分区】按钮,确认后即可。

(4)重设分区

恢复硬盘到最初状态。

图 1-23　编辑分区

如果您定义好分区后，请点击【下一步】，弹出如图 1-24 所示的对话框，点击【将修改写入磁盘】，您设置好的分区信息会写入磁盘。

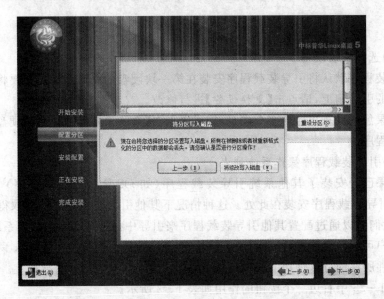

图 1-24　保存分区设置

3. 引导设置

启动中标普华 Linux 桌面系统，通常需要安装引导装载程序，如图 1-25 所示。

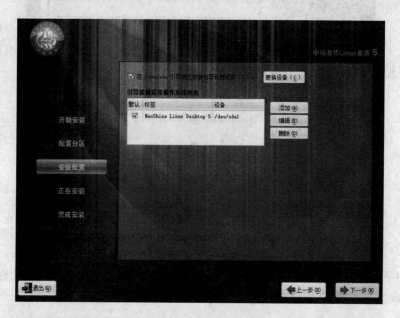

图 1-25　安装引导装载程序

(1)选择安装设备

安装程序默认将引导装载程序安装在第一块硬盘的 MBR，如果需要将其安装在分区的引导扇上，请点击【更换设备】进行修改。

如果您的计算机包含多个硬盘，您可以点击【更换设备】，选择别的硬盘安装引导装载程序。

(2)引导装载程序操作系统列表

如果已经安装了其他系统引导装载程序（如 OS/2 引导装载程序），推荐将 Linux 引导装载程序安装在此处。这种情况下其他引导装载程序将会取得引导控制权，我们可以通过配置其他引导装载程序来引导中标普华 Linux 桌面系统。

用户可以自己增加、修改可引导分区的引导标签。中标普华 Linux 桌面系统引导文件所在的分区使用 NeoShine Linux Desktop5 作为默认引导标签。

图 1-25 中右边三个按钮的作用如表 1-3 所示。

第 1 章 国产 Linux 系统入门   21

表 1-3 按钮名称及其作用

按钮名称	作用
添加	可以添加引导装载程序菜单中显示的标签
编辑	可以修改引导装载程序菜单中显示的标签
删除	可以删除引导装载程序菜单中显示的标签

4. 用户设置

如图 1-26 所示,【用户设置】创建您的超级用户(root)口令和一个普通用户。

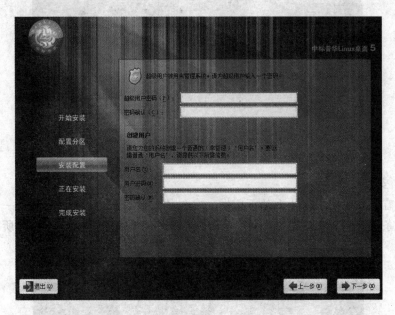

图 1-26 帐号设置

为了系统的安全起见,超级用户密码不少于 6 个字符。用户需要输入两次密码,而且两次密码必须一致。用户设置的密码应该是既便于记忆,又不易被他人获取的字符串。请牢记您的密码,并把它保存在安全的地方。另外,请注意超级用户有访问整个系统的权限。正是由于这个原因,可以作为超级用户来维护和管理系统。

普通用户设置部分也要求您输入用户名和密码,需要输入两次密码,而且两次密码必须一致。

5. 安装选择

如图 1-27 所示,软件开发功能是可选的。如果选中【软件开发】,将会把开发的基础软件包安装在中标普华 Linux 桌面上。

图 1-27　选择安装类型

6. 安装进程

所有包安装完之前什么都不用做。在包的安装过程中,界面上会有一个直观的进度条供我们观察安装过程,并介绍中标软件的产品信息,如图 1-28 所示。

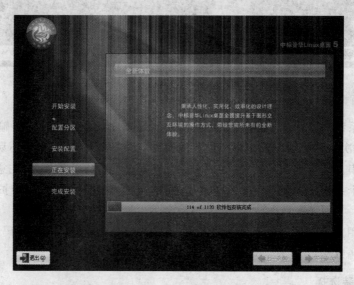

图 1-28　软件包安装过程

1.2.4 安装完成

在中标普华 Linux 桌面安装程序将全部数据都写入硬盘后,系统进入【完成安装】界面,如图 1-29 所示,安装程序将提示准备重新引导系统。

图 1-29 安装完成

在【完成安装】界面点击【重新引导】,中标普华 Linux 桌面 5.0 安装完成。到此,我们已经成功安装了中标普华 Linux 桌面 5.0。

第 2 章
Linux 系统管理基础

2.1 Linux 控制台

　　Linux 系统由桌面控制台和字符控制台组成，桌面系统其实就是我们安装软件包时候的 X-window 视窗，而 X-window 其实质是在命令行下运行的一个应用程序。字符控制台是 Linux 系统的核心，大部分操作都是在字符界面下完成的。默认 Linux 下有 6 个字符控制台，每个控制台可以独立作业，互不影响，真正体现了 Linux 系统多用户、多任务的特性。

　　当我们在图形界面下要转入字符界面时，只需按下 Ctrl+Alt+F1 到 F6 中任何一个，即可进入字符界面下，相反，如果我们要在字符界面下切换到 X-window 下，可以在字符界面命令行输入 startx 或者按下 Ctrl+Alt+F7 即可。

　　Linux 下图形界面的发展还不是很完善，与 Windows 相比，功能上还有很多欠缺，因而在操作上有很大限制，很多复杂的操作无法在图形界面下完成，所以养成在字符界面下工作的习惯是非常必要的。

　　接下来的工作是登录系统，Linux 系统的默认管理员用户是 root，与 Windows 的管理员用户 administrator 类似，root 用户可以操作系统任何文件和设备，拥有最高权限。输入登录的用户名 root，然后输入对应密码，即可登录 Linux 系统。

　　如果是在字符界面下登录 Linux 的，登录成功后，仅仅出现了一个 Linux 命令行，类似于 Windows 的 DOS 窗口，从这里开始，我们才真正踏入 Linux 学习之旅。

2.2 系统与硬件

2.2.1 Linux 硬件资源管理

　　Linux 新手可能觉得查看系统的硬件信息很难，没有 Windows 那么直观化，可事实正好相反，应该说，Linux 下的命令可以把硬件信息显示得更加清楚，下面通过几个相关的 Linux 命令来详细查看系统硬件信息。

1. 查看系统 PCI 设备

　　lspci 可以列出所有的 PCI 设备，比如主板设备、声卡、显卡、网卡等，也会把

USB接口设备列出来。

```
[root@localhost ~]# lspci
```
　　00:00.0 Host bridge: Intel Corporation945G/P Memory Controller Hub (rev 02)
　　00:02.0 VGA compatible controller: Intel Corporation945G Integrated Graphics Controller (rev 02)
　　00:1b.0 Class 0403: Intel Corporation82801G (ICH7 Family) High Definition Audio Controller (rev 01)
　　00:1c.0 PCI bridge: Intel Corporation 82801G (ICH7 Family) PCI Express Port 1 (rev 01)
　　00:1c.1 PCI bridge: Intel Corporation 82801G (ICH7 Family) PCI Express Port 2 (rev 01)
　　00:1d.0 USB Controller: Intel Corporation82801G (ICH7 Family) USB UHCI #1 (rev 01)
　　00:1d.1 USB Controller: Intel Corporation82801G (ICH7 Family) USB UHCI #2 (rev 01)
　　00:1d.2 USB Controller: Intel Corporation82801G (ICH7 Family) USB UHCI #3 (rev 01)
　　00:1d.3 USB Controller: Intel Corporation82801G (ICH7 Family) USB UHCI #4 (rev 01)
　　00:1d.7 USB Controller: Intel Corporation82801G (ICH7 Family) USB2 EHCI Controller (rev 01)
　　00:1e.0 PCI bridge: Intel Corporation 82801 PCI Bridge (rev e1)
　　00:1f.0 ISA bridge: Intel Corporation 82801GB/GR (ICH7 Family) LPC Interface Bridge (rev 01)
　　00:1f.1 IDE interface: Intel Corporation 82801G (ICH7 Family) IDE Controller (rev 01)
　　00:1f.2 IDE interface: Intel Corporation 82801GB/GR/GH (ICH7 Family) Serial ATA Storage Controllers cc = IDE (rev 01)
　　00:1f.3 SMBus: Intel Corporation 82801G (ICH7 Family) SMBus Controller (rev 01)
　　02:00.0 Ethernet controller: Realtek Semiconductor Co., Ltd.: Realtek device 8168 (rev 01)

下面我们分析一下这个机器中有什么类型的设备：

00:00.0 Host bridge: Intel Corporation945G/P Memory Controller Hub (rev 02)

这里显示的是集成主板设备的类型为 Intel Corporation 945G/P。

00:02.0 VGA compatible controller: Intel Corporation945G Integrated Graphics Controller (rev 02)

这里显示的是 VGA 显示卡设备。

00:1b.0 Class 0403: Intel Corporation82801G (ICH7 Family) High Definition Audio Controller (rev 01)

这里显示的是 intel 声卡设备。

00:1d.0 USB Controller: Intel Corporation82801G (ICH7 Family) USB UHCI ♯1 (rev 01)

00:1d.1 USB Controller: Intel Corporation82801G (ICH7 Family) USB UHCI ♯2 (rev 01)

00:1d.2 USB Controller: Intel Corporation82801G (ICH7 Family) USB UHCI ♯3 (rev 01)

00:1d.3 USB Controller: Intel Corporation82801G (ICH7 Family) USB UHCI ♯4 (rev 01)

上面显示了 4 个 USB 接口设备。

02:00.0 Ethernet controller: Realtek Semiconductor Co., Ltd.: Realtek device 8168 (rev 01)

上面显示的是网卡设备。

通过命令 lspci -v 能得到更详细的 PCI 设备信息。

2. 查看 CPU 信息

```
[root@localhost ~]# more /proc/cpuinfo
processor       : 0
vendor_id       : GenuineIntel
cpu family      : 6
model           : 15
model name      : Intel(R) Pentium(R) Dual  CPU   E2160  @ 1.80GHz
stepping        : 13
cpu MHz         : 1796.029
cache size      : 1024 KB
physical id     : 0
```

```
siblings        : 2
core id         : 0
cpu cores       : 2
fdiv_bug        : no
hlt_bug         : no
f00f_bug        : no
coma_bug        : no
fpu             : yes
fpu_exception   : yes
cpuid level     : 10
wp              : yes
flags           : fpu vme de pse tsc msr pae mce cx8 apic sep mtrr pge
mca cmov pat pse36 clflush dts acpi mmx fxsr sse sse2 ss ht t
m pbe nx lm pni monitor ds_cpl est tm2 xtpr
bogomips        : 2394.05


processor       : 1
vendor_id       : GenuineIntel
cpu family      : 6
model           : 15
model name      : Intel(R) Pentium(R) Dual  CPU  E2160  @ 1.80GHz
stepping        : 13
cpu MHz         : 1796.029
cache size      : 1024 KB
physical id     : 0
siblings        : 2
core id         : 1
cpu cores       : 2
fdiv_bug        : no
hlt_bug         : no
f00f_bug        : no
coma_bug        : no
fpu             : yes
fpu_exception   : yes
```

```
cpuid level    : 10
wp             : yes
flags          : fpu vme de pse tsc msr pae mce cx8 apic sep mtrr pge
mca cmov pat pse36 clflush dts acpi mmx fxsr sse sse2 ss ht t
m pbe nx lm pni monitor ds_cpl est tm2 xtpr
bogomips       : 2394.05
```

3. 查看系统内存信息

```
[root@localhost ~]# more /proc/meminfo
MemTotal：       2066632 kB
MemFree：        1170892 kB
Buffers：          67080 kB
Cached：          729040 kB
SwapCached：           0 kB
Active：          361040 kB
Inactive：        495892 kB
HighTotal：      1171200 kB
HighFree：        369088 kB
LowTotal：        895432 kB
LowFree：         801804 kB
SwapTotal：      4088500 kB
SwapFree：       4088500 kB
Dirty：              124 kB
Writeback：            0 kB
Mapped：          121000 kB
Slab：             20456 kB
Committed_AS：    785452 kB
PageTables：        8068 kB
VmallocTotal：    106488 kB
VmallocUsed：       3844 kB
VmallocChunk：    102436 kB
HugePages_Total：      0
HugePages_Free：       0
Hugepagesize：      2048 kB
```

4. 查看磁盘分区信息

[root@localhost ~]#fdisk - l
Disk /dev/sda: 250.0 GB, 250059350016 bytes
255 heads, 63 sectors/track, 30401 cylinders
Units = cylinders of 16065 * 512 = 8225280 bytes

Device Boot	Start	End	Blocks	Id	System
/dev/sda1 *	1	25	200781	83	Linux
/dev/sda2	26	16638	133443922+	83	Linux
/dev/sda3	16639	17275	5116702+	83	Linux
/dev/sda4	17276	30401	105434595	5	Extended
/dev/sda5	17276	24923	61432528+	83	Linux
/dev/sda6	24924	25432	4088511	82	Linux swap
/dev/sda7	25433	25814	3068383+	83	Linux
/dev/sda8	25815	26578	6136798+	83	Linux
/dev/sda9	26579	27852	10233373+	83	Linux
/dev/sda10	27853	30401	20474811	83	Linux

通过上面的演示,我们基本知道了如何查看硬件相关信息,如果你熟悉了这些查看操作,Linux 就变得不再神秘。

2.2.2 Linux 外在设备的使用

在使用 Linux 的时候,我们可能需要使用某些外在设备,例如软盘、U 盘、光驱、磁带等等,Linux 下使用这些设备没有 Windows 下那么智能,都需要通过挂载方式才能使用。

1. 硬件与设备文件

在 Linux 系统下,硬件设备都是以文件的形式存在,因而不同硬件设备有不同的文件类型,我们把硬件与系统下相对应的文件称作设备文件,设备文件在外设与操作系统之间提供了一个接口,这样,用户使用外设就相当于使用普通文件一样。

设备文件在 Linux 系统下存放在/dev 下面,设备文件的命名方式是主设备号加次设备号,主设备号说明设备类型,次设备号说明具体指哪一个设备。

软盘在 Linux 下对应的设备文件为/dev/fdx,主设备号 fd 是软盘驱动器(floppydisk)的缩写;次设备号 x 是软盘驱动器相应的编号。例如,/dev/fd0 就表示系统中的第一个软盘驱动器。

U 盘在 Linux 下被识别为 SCSI 设备,因此对应的设备文件为/dev/sdax,主设备号 sd 表示 SCSI disk，a 表示第一块 SCSI 设备，如果有第二块 SCSI 设备，对应的设备文件是/dev/sdb，x 表示 SCSI 设备的相应分区编号。例如，/dev/sda1 表示第一块 SCSI 设备的第一个分区，/dev/sdc5 表示第三块 SCSI 设备的第一个逻辑分区。

光驱是我们最经常使用的外设，IDE 光驱在 Linux 下对应的设备文件为/dev/had，表示在第一个 IDE 口（Master）的 IDE 光驱，SCSI 光驱 Linux 下对应的设备文件为/dev/srx，x 表示 SCSI ID，现在很多 Linux 发行版在/dev 下还有一个 cdrom 设备文件，其实/dev/cdrom 是一个指向光驱的符号链接。

磁带是经常使用的外在存储设备，Linux 下绝大多数的 SCSI 磁带驱动器对应的设备文件为/dev/stx，st 代表"SCSI tape"，x 是磁带驱动器的号码。例如，系统第一个磁带驱动器的设备文件为/dev/st0。如果有第二个，则对应设备文件为/dev/st1，依次类推。

2. 常见文件系统类型

文件系统类型就是分区的格式，对于不同的外设，Linux 也提供了不同的文件类型，常见的如表 2-1 所示。

表 2-1 常见文件系统类型

文件系统格式	备注
msdos	DOS 文件系统类型
vfat	支持长文件名的 DOS 分区文件系统类型，也可理解为 Windows 文件系统类型
iso9660	光盘格式文件系统类型
ext2/ext3	Linux 下的文件系统类型

了解了设备文件与设备对应的文件系统类型以后，我们就可以在 Linux 下挂载使用这些设备。

3. 设备的挂载使用

Linux 下挂载的命令是 mount，格式如下：

mount-t 文件系统类型 设备名 挂载点

文件系统类型就是上面讲到的几种分区格式，设备名就是对应的设备文件，挂载点就是在 Linux 下指定的挂载目录，将设备指定到这个挂载目录后，以后访问这个挂载目录，就相当于访问这个设备了。

Linux 系统中有一个/mnt 目录，专门用作挂载点（Mount Point）目录，如果你安装的系统中有软盘、光驱设备，那么系统默认会在/mnt 下创建/mnt/floppy（用于软驱的挂载目录）以及/mnt/cdrom（用于光盘的挂载目录）文件夹。因此建议在实际应用中,将外设都装载到此目录的子目录中。

(1)挂载软盘

mount -t msdos /dev/fd0 /mnt/floppy

这样就将 DOS 文件格式的一张软盘装载进来,以后就可以在/mnt/floppy 目录下找到这张软盘的所有内容。

(2)挂载 U 盘

挂载 U 盘前首先要确认 U 盘设备名,在命令行输入 dmesg/more 查看,一般设备文件为/dev/sda1,然后建立挂载点 mkdir /mnt/usb,接着进行挂载:

mount -t vfat /dev/sda1 /mnt/usb

这样就可以通过访问/mnt/usb 目录来访问 U 盘的内容了。

(3)挂载光盘

mount -t iso9660 /dev/hda /mnt/cdrom

或者 mount /dev/cdrom /mnt/cdrom

在这里,有一个需要注意的问题,用 mount 命令挂载的是软盘、光盘和 U 盘,而不是软驱、光驱,初学者很容易犯这个错误,以为挂载完成,软驱就成了/mnt/floppy,光驱就成了/mnt/cdrom 了,绝对不是这样的,当你需要换另外一张光盘的时候,必须先卸载,然后重新装载光盘。

4. 设备的卸载

卸载设备的命令格式为:

umonut 挂载目录

例如要卸载软盘,输入命令:umonut /mnt/floppy

卸载光盘:umount /mnt/cdrom

Linux 对文件系统的保护做得很到位,在光盘没有卸载之前,光驱上面的弹出键不起任何作用。

2.3 文件系统结构介绍

可能现在对于 Linux 的系统结构你还很陌生,每个目录都存放了什么程序,哪些是系统文件,哪些是程序文件,本节将为你解开这些疑惑。

2.3.1 目录结构

1. 经典树形目录

Linux 系统设计中最优秀的特性之一就是将所有内容都以文件的形式展现出来,

通过一个树形结构统一管理和组织这些文件，Linux 典型的树形结构如图 2-1 所示。

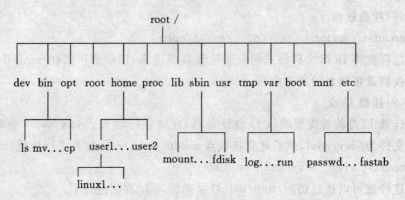

图 2-1　Linux 典型的树形结构

从上图可以看出，整个文件系统有个"根"（root），然后在整个根上分出很多"杈"（也就是可以创建目录），每个"杈"下又分出"杈"，即每个"杈"下还可以继续分出"杈"，同时"杈"上也可以长出"叶子"（即可以创建和存放文件）。

整个 Linux 系统以文件的形式全部存放在根目录下，同时将所有文件分类，分级分层组织在一起，这样就形成了一个树形的目录结构，Linux 文件系统的树形目录结构给管理文件带来了很大的方便。

2. 目录功能介绍

很多 Linux 的发行版目录结构布局都遵循 FSSTND 标准，这一标准的特点是根目录非常简洁，只包含系统最基本的文件，遵循这一标准，有利于程序的编写和移植，也便于系统管理和维护。

（1）/etc 目录

/etc 目录主要用于存放系统管理相关的配置文件以及子目录，其中比较重要的有系统初始化文件/etc/rc，用户信息文件/etc/passwd 等等；相关网络配置文件和服务启动文件也均在这个目录下，更详细的如表 2-2 所示。

表 2-2　/etc 目录说明

文件名或目录	主要作用
passwd	用户库文件，每个用户的用户名、UID、GID、工作目录等都在此文件中
shadown	存放用户口令的文件，每个用户的口令加密后都放入此文件

续表 2-2

文件名或目录	主要作用
group	主要存储用户组信息
fstab	系统开机启动自动挂载分区列表,需要设置开机自动挂载的分区,都可以在此文件加入
inittab	init 命令的配置文件,此文件是 Linux 启动的重要文件,用来完成对整个系统的基本初始化配置
hosts	设定用户自己的 IP 与名字的对应表,类似于 Windows 下的 hosts 文件
resolv.conf	客户端 DNS 配置文件
init.d	此目录包含所有服务启动脚本,开机由系统自动启动这些服务
sysconfig/network-scripts/ifcfg-eth0	Ip 地址配置文件
X11	X-window 的配置文件
syslog.conf	日志设置文件
crontab	系统级别的守护进程配置文件
sysctl.conf	系统内核参数配置文件
services	定义了系统服务与端口的对应关系

(2)/usr 目录

/usr 目录主要用于存放应用程序和文件。如果在系统安装的时候,选择了很多软件包,那么这些软件包默认会安装到此目录下。我们平时安装的一些软件,默认情况下也会安装到此目录内,因此这个目录一般比较大,更详细信息见表 2-3。

表 2-3 /usr 目录说明

文件或目录	作用说明
X11R6	X-window 安装目录
src	包含了所有程序的源代码,其中主要是 Linux 核心程序源代码
local	该目录存放本地安装的软件和其他文件,与 Linux 系统无关
bin 以及 local/bin	使用者可执行的二进制文件目录
lib 以及 local/lib	系统使用的函数库目录
sbin 以及 local/sbin	系统管理员才能执行的指令
include	此目录包含了 C 语言的头文件,文件扩展名大多是 .h
share	存放共享的文件和数据库

(3)/var 目录

/var 目录主要用于存放系统运行以及软件运行的日志信息,更详细信息见下表 2-4。

表 2-4 /var 目录说明

文件或目录	作用说明
log	该目录存放各种应用程序的日志文件,这里的文件是经常变动的,因此需要定期清理
lib	该目录存放系统正常运行时需要改变的库文件
spool	该目录是 mail,new,打印机队列和其他队列输入输出的缓冲目录
tmp	该目录允许比/tmp 存放更大的文件
lock	该目录存放被锁定的文件,很多程序都会在/var/lock 下产生一个锁文件,以保证其他程序不能同时使用这个设备或文件
local	该目录存放着/usr/local 中所安装程序的可变数据
account	该目录存放已经格式化的 man 页
run	该目录包含了到下次系统启动前的系统信息

(4)/dev 目录

/dev 目录我们已经在上面章节作过介绍,目录包含了系统所有的设备文件,常用的/dev 下设备名称如表 2-5 所示。

表 2-5 /dev 目录说明

设备名	具体含义
fd*	代表软盘设备,fd0 代表第一个软盘设备,fd1 代表第二个软盘设备
audio*	代表声卡设备
hd*	代变 IDE 硬盘设备,hda 代表第一块 IDE 硬盘,hdb 代表第二块 IDE 硬盘,依次类推
sd*	代表 scsi 设备,sda 代表第一块 SCSI 硬盘,sdb 代表第二块 SCSI 硬盘,依次类推
lp*	代表并行端
pty*	代表网络中登录的远程终端设备
ram*	代表系统内存

续表 2-5

设备名	具体含义
tty*	代表了 Linux 上的虚拟控制台,也叫字符控制台,tty1 代表第一个虚拟控制台,tty2 代表第二个虚拟控制台,依次类推。Linux 上一共有 6 个虚拟控制台
ttys*	代表串行端口,ttys0 代表串行端口 1,ttys1 代表串行端口 2,类似于 Windows 下的 COM1,COM2
console	代表系统控制台,即桌面控制台,可以直接链接到显示器
null	输出空设备

(5) /proc 目录

/proc 目录是一个虚拟目录,目录所有信息都是内存的映射,通过这个虚拟的内存映射目录,我们可以和内核内部数据结构进行交互,获取有关进程的有用信息,同时也可以在系统运行中修改内核参数。与其他目录不同,/proc 存在于内存中,而不是硬盘上,表 2-6 列出了 /proc 下的主要文件和目录信息。

表 2-6 /proc 目录说明

文件或目录	作用说明
cpuinfo	关于系统 cpu 的详细信息,包括 cpu 名称、型号、类型等
meninfo	内存信息,包括物理内存和虚拟内存
filesystems	当前系统支持的文件系统类型
devices	内核中的设备驱动程序列表
net	网络使用协议以及状态信息
dma	当前使用的 dma 通道
ioports	当前使用的 IO 端口
modules	当前系统加载的内核模块信息
stat	系统的各种状态信息
uptime	系统启动的时间
version	内核版本信息
loadavg	系统平均负载
kcore	系统物理内存的映像,与物理内存大小完全一样,但实际不占用这么大空间
kmsg	内核输出信息,同时被输出到 syslog

(6)其他目录

1)/boot 目录　该目录存放的是启动 Linux 时的一些核心文件,具体包含一些镜像文件和链接文件,因此这个目录非常重要,如果遭到破坏,系统将无法启动。

2)/bin 和/sbin 目录　这两个目录都存放的是可执行的二进制文件,bin 其实就是 binary 的缩写,/bin 目录下存放的就是我们经常使用的 Linux 命令,例如文件操作命令 ls,cd,cp,文本编辑命令 vi,ed,磁盘操作命令 dd,df,mount 等等。

/sbin 中的 s 是 Spuer User 的意思,也就是说只有超级用户才能执行这些命令,常见的如磁盘检查修复命令 fcsk,磁盘分区命令 fdisk,创建文件系统命令 mkfs,关机命令 shutdown 和初始化系统命令 init 等等。

3)/home 目录　该目录是系统中每个用户的工作目录,在 Linux 系统中,每个用户都有自己的一个目录,而该目录一般是由用户的帐号命名的,例如有一个用户 ixdba,那么它的默认目录就是/home/ixdba。

4)/lib 目录　该目录中存放的是共享程序库和映像文件,可供很多程序使用。通过这些共享映射文件,每个程序就不必分别保存自己的库文件(这会增加占用的磁盘空间),Linux 提供了一组可供所有程序使用的文件。在该目录中,还包含引导进程所需的静态库文件。

5)/root 目录　该目录是 Linux 超级用户 root 的默认主目录,如果我们通过 root 登录系统,就会自动进入到此目录,一般用户没有进入这个目录的权限。

6)/mnt 目录　该目录是外在设备的挂载点目录,mnt 是 mount 的缩写,/mnt 目录下通常有一些子目录,如果你的系统上有光驱和软驱,那么在/mnt 下就会存在 cdrom 和 floppy 目录,这些目录就是光驱和软驱的加载点,还可以在这个目录下创建其他目录,例如创建子目录 usb 用于挂载 USB 设备。

7)/lost+found 目录　该目录用于保存丢失的文件。不恰当的关机操作和磁盘错误均会导致文件丢失,这些伪丢失的文件会临时放在/lost+found 下,系统重启后,引导进程会运行 fsck 程序,该程序就能发现这些文件。除了"/"分区上的这个目录外,在每个分区上均有一个 lost+found 目录。

8)/tmp 目录　该目录为临时文件目录,主要用于存放临时文件,这些临时文件可能会随时被删除,也可以随时手工删除。

2.3.2　系统核心组成

指挥 Linux 系统稳定有序运行的核心是 Linux 内核,这个内核相当于 Linux 的"大脑",Linux 操作系统就是在 Linux 内核上发展壮大起来的,我们平时所说的 Linux 系统的高可靠和高稳定性都是针对内核来讲的。因此,内核的组成和架构就成为每个 Linux 爱好者共同关心的问题。

Linux 内核从 20 世纪 90 年代初由 Linus 发布第一版开始，经过开源社区和 Linux 爱好者十几年的共同努力，现在已经发展到了最新的 2.6 内核。它已经从 Linus 作为学习 Intel 386 架构的一个项目发展成一个成熟的可以商用的操作系统。由于 Linux 是一款开源的操作系统。这就给了我们一个非常难得的机会，去学习一个成熟的、商用的操作系统是如何实现的。

一个完整的 Linux 内核一般由五个部分组成，它们分别是：内存管理、进程管理、进程间通信、虚拟文件系统和网络接口。

1. 内存管理

内存管理主要完成的是如何合理有效地管理整个系统的物理内存，同时快速响应内核各个子系统对内存分配的请求。Linux 内存管理支持虚拟内存，即在系统上运行的所有程序占用内存的总量可以大于实际物理内存，而多余出的这部分内存就是通过磁盘申请得到的。平时系统只把当前运行的程序块保留在内存中，其他程序块则保留在磁盘中。在内存紧缺时，内存管理负责在磁盘和内存间交换程序块。

2. 进程管理

进程管理主要控制系统进程对 CPU 的访问，当需要某个进程运行时，由进程调度器根据基于优先级的调度算法启动新的进程。Linux 支持多任务运行，那么如何在一个单 CPU 上支持多任务呢？这个工作就是由进程调度管理来实现的，在系统运行时，每个进程都会分得一定的时间片，然后进程调度器根据时间片的不同，选择每个进程依次运行。例如当某个进程的时间片用完后，调度器会选择一个新的进程继续运行。由于切换的时间和频率都非常地快，用户感觉是多个程序在同时运行。而实际上，CPU 在同一时间内只有一个进程在运行，这一切都是进程调度管理的结果。

3. 进程间通信

进程间通信主要用于控制不同进程之间在用户空间的同步、数据共享和交换，由于不同的用户进程拥有不同的进程空间，所以进程间的通信要借助于内核的中转来实现。一般情况下，当一个进程等待硬件操作完成时会被挂起。当硬件操作完成，进程被恢复执行。而协调这个过程的就是进程间的通信机制。

4. 虚拟文件系统

Linux 内核中的虚拟文件系统用一个通用的文件模型表示了各种不同的文件系统，这个文件模型屏蔽了很多具体文件系统的差异，使 Linux 内核支持很多不同的文件系统。虚拟文件系统可以分为逻辑文件系统和设备驱动程序。逻辑文件系统指 Linux 所支持的文件系统，例如 ext2,ext3,fat 等。设备驱动程序指为每一种硬件控制器所编写的设备驱动程序模块。

5. 网络接口

网络接口提供了对各种网络标准的实现和各种网络硬件的支持。网络接口一般分为网络协议和网络驱动程序。网络协议部分负责实现每一种可能的网络传输协议。网络设备驱动程序则主要负责与硬件设备进行通讯,每一种可能的网络硬件设备都有相应的设备驱动程序。

2.4 运行机制介绍

在了解了 Linux 的目录结构和基本组成后,我们详细了解下它的运行机制,主要包括系统的运行级别、系统启动过程、系统关闭过程,等等。

2.4.1 系统运行级

Windows 系统有安全运行模式和正常运行模式,这是两个不同的运行级别。同样,Linux 也有系统运行级别,并且 Linux 系统的运行级别更加灵活,更加多样化。

在讲述运行级别前,先讲述下 Linux 下的 init 程序,因为 init 程序直接和系统运行级别相关联。init 程序是 Linux 操作系统最主要的程序之一,是一个由系统内核启动的用户级进程,同时 init 进程也是所有其他系统进程的鼻祖,也就是说 init 进程是系统运行的第一个进程,它的进程号始终为 1。

Linux 系统有 7 个运行级别,这些运行级别均在/etc/inittab 文件中指定,下面讲述/etc/inittab 文件的具体实现。

以 redhat Linux 为例,下面是/etc/inittab 的某段信息。

\# Default runlevel. The runlevels used by RHS are:
\#   0 - halt (Do NOT set initdefault to this)
\#   1 - Single user mode
\#   2 - Multiuser, without NFS (The same as 3, if you do not have networking)
\#   3 - Full multiuser mode
\#   4 - unused
\#   5 - X11
\#   6 - reboot (Do NOT set initdefault to this)

上面这段信息列出了 Linux 系统的 7 个运行等级:

0——关机模式;

1——单用户模式,单用户只有系统管理员可以登录;

2——多用户模式,但是不支持文件共享,例如不支持 NFS 服务,这种模式不常用;

3——完全的多用户模式,支持 NFS 服务,最常用的用户模式,默认登录到系统的字符界面;

4——基本不用的用户模式,可以实现某些特定的登录请求;

5——完全多用户模式,默认登录到 X-window 系统,也就是登录到 Linux 图形界面;

6——重启模式,也就是执行关闭所有运行的进程,然后重新启动系统。

这些运行级别和 Linux 中的 init 程序相互对应,例如执行 init 1 系统就进入单用户模式,执行 init 6 系统将重新启动。

在 inittab 文件中以 ♯ 开头的所有行都是注释行。注释行有助于用户理解 inittab 文件中每项的具体含义,inittab 文件中的值都由如下格式组成:

label:runlevel:action:process

1. label 字段

label 是由 1~4 个字符组成的标签,用来标示输入的值。一些系统只支持 2 个字符的标签。鉴于此原因,多数人都将标签字符的个数限制在 2 个以内。该标签可以是任意字符构成的字符串,在 Red Hat Linux 中使用的标签见表 2-7。

表 2-7 Red Hat Linux 中使用的标签及其含义

lable 字段值	表示含义
id	用来定义缺省 init 程序运行级别
ln	n 从 1~6,指明该进程可以使用的系统运行级别
ca	指定当按下 Ctrl+Alt+Del 时运行的进程
si	指定是系统初始化进程
ud	指定是升级进程
pf	当 UPS 监控软件通知电源被切断时运行的进程
pr	在真正关闭系统之前,UPS 监控软件发出电源恢复信号时要运行的进程
x	是将系统转入 X-window 桌面时需要运行的进程

2. runlevel 字段

runlevel 字段指定系统的运行级别。可以指定多个运行级别,也可以不为

runlevel 字段指定特定的值。

3. process 字段

process 字段包含了 init 执行的进程，也就是 init 程序具体要执行的命令，该进程采用的格式与在命令行下运行该进程的格式一样，因此，process 字段都以该进程的名字开头，后面是运行时要传递给该进程的参数，比如 /sbin/shutdown "-t3" "-r" now。

4. action 字段

action 字段定义了当系统进入相应的运行级别后，init 程序应该以何种方式运行 process 字段对应的命令，action 字段常用的值如表 2-8 所示。

表 2-8 action 字段值及其含义

字段值	表示的含义
once	init 程序只需运行这个进程一次
wait	init 程序运行此进程一次，并等待运行结束才进入下一步操作
boot	随系统启动运行，因此 runlevle 值对此参数无效
bootwait	随系统启动运行，但是 init 程序等待进程完成，runlevle 值对此参数也无效
initdefault	系统启动后的默认运行级，如果 /etc/inittab 中不存在此条记录，系统启动后在控制台上询问要进入的运行级
sysinit	系统启动时准备运行的命令，在运行 boot 或 bootwait 之前运行
respawn	保证一直处于运行状态的进程，如果该进程终止，则重新启动该进程
ctrlaltdel	当 Ctrl+Alt+Del 三个键同时按下时运行 process 字段指定的值
off	不运行该进程
powerwait	允许 init 程序在电源被切断时，关闭系统，前提是有 UPS 和相应通知 init 程序电源已被切断的软件
powerfail	与 powerwait 一样，但是 init 程序不会等待运行的进程结束才关闭系统
powerokwait	当电源监控软件通知"电源恢复"时，init 程序要执行的操作
powerfailnow	监测到 UPS 电源即将耗尽时，init 程序要执行的操作

明白了 inittab 文件的格式以后，我们就知道每项的含义了，接着看 /etc/inittab 下面的内容：

id:5:initdefault:

表示系统将默认启动到 X-window 界面下，如果我们想让系统默认开机启动到字符界面下，只需修改 id:5:initdefault: 为 id:3:initdefault: 即可。

\# System initialization.

si::sysinit:/etc/rc.d/rc.sysinit

该段告诉 init 程序，运行 /etc/rc.d/rc.sysinit 来进行系统初始化工作。

l0:0:wait:/etc/rc.d/rc 0

l1:1:wait:/etc/rc.d/rc 1

l2:2:wait:/etc/rc.d/rc 2

l3:3:wait:/etc/rc.d/rc 3

l4:4:wait:/etc/rc.d/rc 4

l5:5:wait:/etc/rc.d/rc 5

l6:6:wait:/etc/rc.d/rc 6

上面这段信息标明 /etc/rc.d/rc 可以运行在 0～6 各个运行级别，同时 init 程序等待 /etc/rc.d/rc 执行完毕才进入下一步操作。

\# Trap CTRL-ALT-DELETE

ca::ctrlaltdel:/sbin/shutdown -t3 -r now

上面这段指定了当 Ctrl＋Alt＋Del 三个键同时按下时，init 程序将执行 /sbin/shutdown-t3-r now，即重启系统。

\# When our UPS tells us power has failed, assume we have a few minutes

\# of power left.　Schedule a shutdown for 2 minutes from now.

\# This does, of course, assume you have powerd installed and your

\# UPS connected and working correctly.

pf::powerfail:/sbin/shutdown -f -h +2 "Power Failure; System Shutting Down"

上面这段信息说明了：系统电源被切断时，UPS 通知 init 程序，init 程序发出"Power Failure; System Shutting Down"信号，然后执行关机操作。

\# If power was restored before the shutdown kicked in, cancel it.

pr:12345:powerokwait:/sbin/shutdown -c "Power Restored; Shutdown Cancelled"

这段说明了：UPS 接到电源恢复信号后，通知 init 进程，然后 init 程序发出"Power Restored; Shutdown Cancelled"信号，取消关机操作，这个过程在 1～5 运行级别上有效。

\# Run gettys in standard runlevels

1:2345:respawn:/sbin/mingetty tty1

2:2345:respawn:/sbin/mingetty tty2

```
3:2345:respawn:/sbin/mingetty tty3
4:2345:respawn:/sbin/mingetty tty4
5:2345:respawn:/sbin/mingetty tty5
6:2345:respawn:/sbin/mingetty tty6
```

这段信息说明了：在 2～5 运行级别上，始终打开 6 个终端控制台，即使某个控制台被关闭，系统也会自动启动。

```
# Run xdm in runlevel 5
x:5:respawn:/etc/X11/prefdm - nodaemon
```

最后这段信息表明，在 X-window 桌面下始终运行的进程是/etc/X11/prefdm。

2.4.2 系统启动过程

1. 内核引导

打开系统电源，开始 BIOS 自检，系统按照 BIOS 里的设置启动设备（一般是硬盘启动），接着进入 Linux 引导程序，一般 Linux 系统提供两种引导方式：GRUB 和 LOLO，其中 GRUB 是大多数 Linux 系统的默认引导方式，而 LILO 则是根据一些特殊需求或个人喜好而准备的。一旦 Linux 引导程序载入内存，它显示一个图形界面给用户，这个界面里包含了不同的内核选项，用户可以通过上下键去选择不同的内核引导，当引导程序成功完成引导后，Linux 接管了对 CPU 的控制权，接着 CPU 开始执行 Linux 内核映像程序，加载内核，在预定的地方找到 initrd 镜像的压缩包，对它进行解压和挂载，并载入所有必须的驱动。然后，Kernel 会创建 root 设备，以只读方式挂载 root 分区，并释放所有没有被使用的内存，此时，Kernel 已经被装载到内存里运行起来了。但是，因为没有用户应用程序允许输入有意义的指令给系统，所以此时的系统不能做任何事情。

2. 运行 init

init 进程是系统所有进程的起点，紧接上面，Linux 在完成核内引导以后，就开始运行 init 程序，init 程序需要读取配置文件/etc/inittab，而 inittab 是一个不可执行的文本文件，关于这个文件，我们将在"系统运行级"一节详细讲述。

3. 系统初始化

init 程序启动后首先调用 rc.sysinit 和 rc 程序，rc.sysinit 主要完成一些系统初始化的工作，它是系统每一个运行级别都要首先运行的重要脚本。它主要完成的工作有：检查磁盘，加载硬件模块，激活交换分区，以及其他一些需要优先执行的任务，当 rc.sysinit 程序执行完毕，引导返回到 init 程序。

4. 启动运行级的守护进程

rc.sysinit 程序执行完毕，接下来，rc 程序启动，rc 程序主要启动系统对应运行级别的守护进程，rc 程序执行完毕，又将返回 init 程序继续下一步。

5. 建立终端

此时系统基本环境已经设置好了，init 程序接着会打开 6 个终端，以便用户登录。

6. 登录系统

当我们看到 mingetty 的登录界面时，我们就可以输入用户名和密码登录系统了。Linux 的账号验证程序是 login，当 login 程序执行成功后，最后就进入了 shell 终端。

这样 Linux 系统就完成了从开机到启动的整个过程。

2.4.3 系统关机过程

在了解 Linux 关机过程之前，我们先学习一下 Linux 关机的一些常用命令。最常用的 Linux 关机命令有如下几个：init，shutdown，halt，reboot 等，这些命令都可以达到关机重启的目的，但是每个命令的内部工作过程是不同的。我们通过对关机命令的讲述，详细了解 Linux 安全关机的过程。

1. shutdown 命令

使用 shutdown 命令可以安全地关闭 Linux 系统，有些 Linux 初学者会使用直接关闭电源的方法来关闭 Linux，这是十分危险的，因为 Linux 与 Windows 不同，在 Linux 后台运行着很多进程，这些进程控制着 Linux 对系统的各种操作，如果强制关机，可能会造成进程的混乱以至丢失数据。如果在系统工作负荷很高的情况下，突然断电，不但会丢失数据，甚至会损坏硬件设备。

shutdown 命令是用 shell 编写的程序，必须由超级用户才能执行，shutdown 命令执行后，会以广播的形式通知正在系统中工作的所有用户，系统将在指定的时间内关闭，请保存文件，停止作业，注销用户；此时 login 指令被冻结，新的用户不能登录；当所有的用户从系统中注销或者指定时间已到时，shutdown 就发送信号给 init 程序，要求 init 程序改变系统运行级别，接着，init 程序根据 shutdown 指令传递过来的参数，相应地改变运行级，例如，shutdown 指定的参数是关机命令，init 程序就执行 init 0 进行关机，如果 shutdown 指定的参数是要重启系统，那么 init 程序就执行 init 6 进行系统重启。

(1) shutdown 命令的详细语法

shutdown [-fFhknrc(参数名称)] [-t 秒数] 时间 [警告信息]

具体各参数功能如下：

-f 重新启动时不执行 fsck（注：fsck 是 Linux 下的一个检查和修复文件系统的程序，我们会在以后章节详细讲述）。

-F 重新启动时执行 fsck。

-h 将系统关机，在某种程度上功能与 halt 命令相当。

-k 只是送出信息给所有用户，但并不会真正关机。

-n 不调用 init 程序关机，而是由 shutdown 自己进行（一般关机程序是由 shutdown 调用 init 来实现关机动作），使用此参数将加快关机速度，但是不建议用户使用此种关机方式。

-r shutdown 之后重新启动系统。

-c 取消前一个 shutdown 命令。例如，当执行一个如"shutdown -h 15:30"的命令时，只要按"Ctrl+C"键就可以中断关机的命令。而执行如"shutdown -h 15:30 &"的命令就将 shutdown 转到后台运行了，此时，就需要使用 shutdown -c 将前一个 shutdown 命令取消。

-t＜秒数＞ 送出警告信息和关机信号之间要延迟多少秒。警告信息将提醒用户保存当前进行的工作。

[时间] 设置多久时间后执行 shutdown 命令。时间参数有 hh：mm 或 +m 两种模式。

hh：mm 格式表示在几点几分执行 shutdown 命令。例如 "shutdown 16:50" 表示将在 16:50 执行 shutdown。+m 表示 m 分钟后执行 shutdown，比较特别的用法是以 now 表示立即执行 shutdown，值得注意的是这部分参数不能省略。

[警告信息] 要传送给所有登入用户的信息。

(2) 应用举例

立即关机重启：shutdown - r now

立即关机：shutdown - h now

设定 5 分钟后关机，同时发出警告信息给登录的 Linux 用户：

shutdown +5 "System will shutdown after 5 minutes"

2. halt 命令

halt 是最简单的关机命令，相当于 shutdown-h 组合。halt 执行时，kill 掉多余应用程序，然后调用系统指令 sync，sync 将所有内存信息通过文件系统写入硬盘，然后停止内核。

halt 命令的部分参数如下：

[-f] 没有调用 shutdown 而强制关机或重启。

[-i] 关机或重新启动之前，关掉所有的网络接口。

[-p] 关机时调用 poweroff，此选项为缺省选项。

3. reboot 命令

reboot 命令的执行过程与 halt 基本类似，不同的是 halt 是用于关机，而 reboot 是关机后引发系统重启。

4. init 命令

init 进程是所有进程的鼻祖，其进程号始终为 1，init 程序主要用于系统不同运行级之间的切换，切换的工作是立即完成的，例如 init 0 就是将系统运行级切换到 0，也就是关机，init 6 命令用于将系统运行级别切换到 6，也就是重启系统。关于 init 运行级别，我们在"系统运行级"一节已经有详细的讲述，这里不再多说。

第 3 章

Linux 下的 shell 编程

3.1 什么是 shell

shell 的本意是"壳"的意思,其实已经很形象地说明了 shell 在 Linux 系统中的作用,shell 就是围绕 Linux 内核之外的一个"壳"程序,用户在操作系统上完成的所有任务都是通过 shell 与 Linux 系统内核的交互来实现的。我们应该熟悉 DOS 系统中 command.com 程序,shell 的功能与此类似,但是 shell 的功能更加强大,更加好用。

各种操作系统都有自己的 shell,拿 DOS 为例,它的 shell 就是 command.com 程序,随后,DOS 下出现了很多第三方命令解释程序,例如 4DOS、NDOS 等等,这些命令解释程序完全可以取代标准的 command.com 程序,同样,Linux 下除了默认的 Bourne again shell(bash),还有很多其他的 shell,例如 C shell(csh)、Korn shell(ksh)、Bourne shell(sh)、Tenex C shell(tcsh),等等。每个版本的 shell 功能基本相同,但各有特点,现在的 Linux 系统发行版一般都以 bash 作为默认的 shell。

shell 本身是一个 C 语言编写的程序,是用户和操作系统内核之间通信的桥梁。shell 既是一种命令解释程序,又是一种功能强大的解释型程序设计语言。作为命令解释程序,shell 解释用户输入的命令,然后提交到内核处理,最后把结果返回给用户。

为了加快命令的运行,同时更有效地定制 shell 程序,shell 中定义了一些内置的命令。一般我们把 shell 自身解释执行的命令称为内置命令,例如下面我们将要讲到的 cd、pwd、exit、echo 命令等等,都是属于 bash 的内置命令。当用户登录系统后,shell 以及内置命令就被系统载入到内存,并且一直运行,直到用户退出系统为止。除了内置命令,Linux 系统上还有很多可执行文件,可执行文件类似于 Windows 下的".exe"文件,这些可执行文件也可以作为 shell 命令来执行,其实 Linux 上很多命令都不是 shell 的内置命令,例如 ls 就是一个可执行文件,存放在/bin/ls 中,这些命令与 shell 内置命令不同,只有当它们被调用时,才由系统装入内存执行。

当用户登录系统后,如果是登录字符界面,将出现 shell 命令提示符,"#"表示登录的用户是系统超级用户,"*"表示登录到系统的是普通用户。shell 执行命令解释的具体过程为:用户在命令行输入命令提交后,shell 程序首先检测是否为内置命令,如果是,那么就通过 shell 内部的解释器将命令解释为系统调用,然后提交给内核执行;如果不是 shell 内置的命令,那么 shell 会按照用户给出的路径或者根据系统环境变量的配置信息在硬盘寻找对应的命令,然后将其调入内存,最后再将其解释为系统调用,提交给内核执行。

最后 shell 还是强大的解释型程序设计语言,它定义了各种选项和变量,几乎支持高级程序语言的所有程序结构,例如变量、函数、表达式、循环等等,利用 shell 可以编写 shell 脚本程序,类似于 Windows/DOS 下的批处理文件,但是 shell 功能更加完善,更加强大。

3.2 shell 命令的语法分析

Linux 下的各种 shell 主要区别在于命令行的语法,对于一些普通的命令,各个 shell 版本语法基本相同,只有在编写一个 shell 脚本或者使用 shell 一些高级特性的时候,各个版本 shell 的差异才显示出来。

shell 语法分析是指 shell 对命令的扫描处理过程,也就是把命令或者用户输入的内容分解成要处理的各个部分的操作。在 Linux 系统下,shell 语法分析包含很多的内容,例如重定向、文件名扩展、管道,等等。

本小节以 bash 为例,介绍以下 shell 命令的语法分析。

3.2.1 shell 的命令格式

用户登录系统后,shell 命令行启动,shell 遵循一定的语法格式将用户输入的命令进行分析解释传递给系统内核,shell 命令的一般格式为:

command[options][arguments]

根据习惯,我们一般把具有以上格式的字符串称为命令行,命令行是用户与 shell 之间对话的基本单位。

command:表示命令名称。

options:表示命令的选项。

arguments:表示命令的参数。

在命令行中,选项是包含一个或多个字母的代码,主要用于改变命令的执行方式,一般在选项前面有一个"-"符号,用于区别参数。例如:

[root@WEBServer ~]# ls -a

ls 命令加上 -a 选项后,列出当前目录下的所有文件(包含隐藏文件),如果 ls

不加"-a"选项,则仅仅显示当前目录下的文件名和目录(不显示隐藏文件)。

一般命令都有很多选项,可以单独列出它们,也可以在"-"后面把需要的选项都列出来,例如:ls - a - l 也可以写成 ls - al。

很多命令都可以接受参数,参数就是在选项后面紧跟的一个或多个字符串,这些字符串指定了命令的操作对象,如文件或者目录。例如要显示/etc 目录下的所有文件及信息,使用以下命令:

[root@WEBServer ~]#ls - al /etc

特殊情况下,有些命令可以不带参数,例如 ls 命令,而有些必须带参数,当参数不够时,shell 就会给出错误提示,例如 mv 命令至少需要两个参数:

[root@WEBServer ~]#mv myLinux1.txt myLinux.txt

在 shell 的一个命令行中,还可以输入多个命令,用分号将各个命令分开,例如:

[root@WEBServer ~]#ls - al;cp myLinux1.txt myLinux2.txt

相反也可以在多行中输入一个命令,用"\"将一个命令持续到下一行:

[root@WEBServer ~]#cp - i \
>myLinux1.txt \
> myLinux2.txt

3.2.2 shell 的通配符

通配符主要是为了方便用户对文件或者目录的描述,例如用户仅仅需要以". sh"结尾的文件时,使用通配符就能很方便地实现。各个版本的 shell 都有通配符,这些通配符是一些特殊的字符,用户可以在命令行的参数中使用这些字符,进行文件名或者路径名的匹配,shell 将把与命令行中指定的匹配规则符合的所有文件名或者路径名作为命令的参数,然后执行这个命令。

bash 中常用的通配符有" * "、"?"、"[]"。

(1) * ——匹配任意一个或多个字符

例如:

[root@WEBServer ~]#ls *.txt

将列出当前目录下所有以". txt"结尾的文件(除去以"."开头的文件)。

[root@WEBServer ~]#cp doc/ * /opt

表示将 DOC 目录下的所有文件(除去以"."开头的文件)拷贝到/opt 目录下。

[root@WEBServer ~]#ls - al /etc/ * / * .conf

列出/etc 目录的子目录下所有以". conf"结尾的文件。在/etc 目录下的以". conf"结尾文件将不会列出。

(2)？——匹配任意单一字符

例如：

[root@WEBServer ~]# ls ab?.txt

将列出当前目录下以 ab 开头，随后一个字母是任意字符，接着以".txt"结尾的文件。

[root@WEBServer ~]# ls ab??.txt

将列出当前目录下以 ab 开头，随后的两个字母是任意字符，接着以".txt"结尾的文件。

(3)[ ]——匹配任何包含在方括号内的单字符。

例如：

[root@WEBServer ~]# ls /dev/sda[12345]

/dev/sda1   /dev/sda2   /dev/sda3   /dev/sda4   /dev/sda5

上面列出了在/dev 目录下以 sda 开头，第四个字符是 1 或 2 或 3 或 4 或 5 的所有文件。

[root@WEBServer ~]# ls /dev/sda[1-5]

在方括号中"1-5"给出了匹配的范围，与上面一条命令完全等效。

(4)通配符的组合使用

在 Linux 下，通配符也可以组合使用，例如：

[root@WEBServer ~]# ls [0-9]?.conf

列出当前目录下以数字开头，随后一个是任意字符，接着以".conf"结尾的所有文件。

[root@WEBServer ~]# ls [xyz]*.txt

列出当前目录下以 x 或 y 或 z 开头，最后以".txt"结尾的文件。

3.2.3 shell 的重定向

Linux 下系统打开三个文件：标准输入、标准输出和标准错误输出。用户的 shell 将键盘设为默认的标准输入，默认的标准输出和标准错误输出为屏幕。也就是用户从键盘输入命令，然后将结果以及错误信息输出屏幕。

所谓的重定向，就是不使用系统默认的标准输入输出，而是重新指定，因此重定向分为输入重定向、输出重定向和错误输出重定向。要实现重定向就需要了解重定向操作符，shell 就是根据重定向操作符来决定重定向操作的。

(1)输入重定向

输入重定向用于改变命令的输入源，利用输入重定向，就可以将一个文件的内容作为命令输入，而不从键盘输入。

用于输入重定向的操作符有"<"和"<<"。例如

[root@WEBServer ~]# wc </etc/inittab

53　229　1666

用 wc 命令统计输入给它的文件/etc/inittab 的行数、单词数、字符数。

还有一种输入重定向"<<",这种重定向告诉 shell,当前命令的标准输入为来自命令行中一对分隔号之间的内容。例如:

[root@WEBServer ~]# wc << aa

> # Default runlevel. The runlevels used by RHS are:
> #   0 - halt (Do NOT set initdefault to this)
> #   1 - Single user mode
> #   2 - Multiuser, without NFS (The same as 3, if you do not have networking)
> #   3 - Full multiuser mode
> #   4 - unused
> #   5 - X11
> #   6 - reboot (Do NOT set initdefault to this)
> aa

8　65　303

上面的命令将一对分隔号 aa 之间的内容作为 wc 命令的输入,分隔号可以是任意字符,shell 将在第一个分隔号后开始读取内容,直到出现另一个分隔号,读取结束。然后将内容送给 wc 命令处理。

(2)输出重定向

输出重定向是将命令的输出结果不在屏幕输出,而是输出到一个指定文件中。在 Linux 下输出重定向用的很多,例如某个命令的输出很长,一个屏幕无法显示完毕,我们可以将命令的输出指定到一个文件,然后用 more 命令查看这个文件,从而得到命令输出的完整信息。

用于输出重定向的操作符有">"和">>"。例如:

[root@WEBServer ~]# ps - ef >ps.txt

将 ps - ef 输出的系统运行进程信息全部输入到 ps.txt 文件中,而不输出到屏幕,可以用 more 命令查看 ps.txt 文件中系统运行的进程信息。

[root@WEBServer ~]# more file1 file2 file3 >file

more 命令是查看文件的内容,上面的命令是将 file1、file2、file3 的内容全部输出到 file 文件中,类似于文件内容的合并。

如果在">"后面指定的文件不存在的话,shell 自动重建一个。如果文件存在

的话,这个文件原有的内容将被覆盖。如果对于存在的文件不想覆盖的话,可以使用">>"操作符。例如:

[root@WEBServer ~]#ls - al /etc/ * >>/root/install.log

将/etc 目录以及子目录下的所有文件信息追加到/root/install.log 文件的后面。/root/install.log 文件原来的内容仍然存在。

(3)错误重定向

错误重定向和标准输出重定向一样,可以使用操作符"2>"和"2>>"实现对错误输出的重定向。例如:

[root@WEBServer ~]#tar zxvf text.tar.gz 2> error.txt

tar 是打包命令,可以在屏幕上看到 tar 的解压过程,如果"text.tar.gz"是个损坏的压缩包的话,就会把错误信息输出到 error.txt 文件。

3.2.4 shell 的管道

管道可以把很多命令连接起来,可以把第一个命令的输出当作第二个命令的输入,第二个命令的输出当作第三个命令的输入,依次类推。因此,管道的作用就是把一个命令的输出当作下一个命令的输入,而不经过任何中间文件。

通过管道符"|"可以建立一个管道连接,例如:

[root@WEBServer ~]# ls -al /etc/ * |more

表示将/etc 目录以及子目录下的所有文件分屏显示。

[root@WEBServer ~]#ps -ef|grep httpd|wc -l

查看系统中正在运行的 httpd 进程,并计算 httpd 的进程数。

3.2.5 shell 中的引用

在 bash 中,有很多的特殊字符,这些字符本身就具有特殊含义,如果在 shell 的参数中使用时就会出现问题,Linux 中使用了"引用"技术来忽略这些字符的特殊含义,引用技术就是通知 shell 将这些特殊字符当作普通字符处理,shell 中用于引用的字符有转义字符"\"、单引号"'"、双引号"""。

(1)转义字符"\"

如果将"\"放到特殊字符前面,那么 shell 就忽略这些特殊字符的原有含义,当作普通字符对待,例如:

[root@WEBServer ~]#ls

abc? *   C:\backup

[root@WEBServer ~]#mv abc\? \ *   abc

[root@WEBServer ~]#mv C\:\\backup backup

上面是将 abc？* 重命令为 abc,C:\backup 重命名为 backup。因为文件名中含有特殊字符,所以都使用了转义字符"\"。

(2) 单引号"'"

将字符串放到一对单引号之间,那么字符串中所有字符的特殊含义将被忽略,例如：

[root@WEBServer ~]# mv C\:\\backup backup

[root@WEBServer ~]# mv ´C:\backup´ backup

上面两条命令完全等效。

(3) 双引号""""

双引号的引用与单引号基本相同,包含在双引号内的大部分特殊字符可以当作普通字符处理,但是仍有一些特殊字符即使用双引号括起来,仍然保留自己的特殊含义,比如"$"、"\"和"`"。

[root@WEBServer ~]# str="The \ $ SHELL Current shell is $SHELL"

[root@WEBServer ~]# str1="\ $ $SHELL"

[root@WEBServer ~]# echo $str

The $ SHELL Currentshell is /bin/bash

[root@WEBServer ~]# echo $str1

$ /bin/bash

从上面输出可以看出,"$"和"\"在双引号内仍然保留了特殊含义。

[root@WEBServer ~]# str="This hostname is `hostname`"

[root@WEBServer ~]# echo $str

This hostname is WEBServer

上面的输出中,字符"`"在双引号中也保留了自己特殊含义。

3.2.6 shell 的自动补齐命令行

自动补齐命令行是 bash 一个简单而且实用的功能,自动补齐命令行也就是在输入命令时不必把命令输全,shell 就能智能判断用户所要输入的命令。

当用户输入某个命令的一部分后,按下 Tab 键,shell 就会根据系统环境变量信息提示出与用户输入命令相似的所有命令和文件,例如

[root@WEBServer ~]# if <按 Tab 键>

if   ifcfg   ifconfig   ifdown ifenslave   ifnames   ifrename ifup

[root@WEBServer ~]# if

可以从上面看到,用户输入"if"后按键 Tab,即可显示以"if"为前缀的所有命

令和文件,如果我们需要的是 ifconfig 命令,接下来只需再次输入"co",然后按键 Tab,shell 就能补全命令。

如果我们要进入一个很深的目录中,并且每个目录的名字又很长,此时利用 bash 的自动补全功能,就再好不过了。

第4章
高性能 Web 服务器 Apache

4.1 Apache 简介

Apache 是世界使用排名第一的 Web 服务器软件,它可以运行在几乎所有广泛使用的计算机平台上。

Apache 源于 NCSAhttpd 服务器,经过多次修改,成为世界上最流行的 Web 服务器软件之一。Apache 取自"a patchy server"的读音,意思是充满补丁的服务器,因为它是自由软件,所以不断有人来为它开发新的功能、新的特性、修改原来的缺陷。Apache 的特点是简单、速度快、性能稳定,并可作代理服务器来使用。本来它只用于小型或试验 Internet 网络,后来逐步扩充到各种 Unix 系统中,尤其对 Linux 的支持相当完美。Apache 有多种产品,可以支持 SSL 技术,支持多个虚拟主机。

Apache 是以进程为基础的结构,进程要比线程消耗更多的系统开支,不太适合于多处理器环境,因此,在一个 Apache Web 站点扩容时,通常是增加服务器或扩充群集节点而不是增加处理器。到目前为止,Apache 仍然是世界上用的最多的 Web 服务器,市场占有率达 60% 左右。世界上很多著名的网站如 Amazon.com, Yahoo!,W3 Consortium,Financial Times 等都是 Apache 的产物。它的成功之处主要在于它的源代码开放,有一支开放的开发队伍,支持跨平台的应用(可以运行在几乎所有的 Unix、Windows、Linux 系统平台上)以及它的可移植性等方面。

1995 年 4 月,最早的 Apache(0.6.2 版)由 Apache Group 公布发行。apache Group 是一个完全通过 Internet 进行运作的非盈利机构,由它来决定 Apache Web 服务器的标准发行版中应该包含哪些内容。Apache 准许任何人修改隐错,提供新的特征和将它移植到新的平台上以及其他的工作。当新的代码被提交给 Apache Group 时,该团体审核它的具体内容,进行测试。如果认为满意,该代码就会被集成到 Apache 的主要发行版中。

Apache Web 服务器软件拥有以下特性:
▶支持最新的 HTTP/1.1 通信协议;
▶拥有简单而强有力的基于文件的配置过程;
▶支持通用网关接口;

- ▶ 支持基于 IP 和基于域名的虚拟主机；
- ▶ 支持多种方式的 HTTP 认证；
- ▶ 集成 Perl 处理模块；
- ▶ 集成代理服务器模块；
- ▶ 支持实时监视服务器状态和定制服务器日志；
- ▶ 支持服务器端包含指令（SSI）；
- ▶ 支持安全 Socket 层（SSL）；
- ▶ 提供用户会话过程的跟踪；
- ▶ 支持 FastCGI；
- ▶ 通过第三方模块可以支持 Java Servlets。

这些特性和功能使 Apache 成为最优秀的 Web 服务器。如果要选择 Web 服务器，Apache 绝对是我们的最佳选择。

4.2 安装 Apache

Apache 目前有几种主要版本，包括 1.3.x、2.0.x 以及 2.2.x 等等，在 1.3.x 以前的版本中通常取名以 Apache 开头，2.0.x 以后版本则用 httpd 开头来命名。

Apache 的官方地址为 http://httpd.apache.org/，这里以源码的方式进行安装，我们下载的版本是 Apache2.0.59，下载后的压缩包文件为 httpd-2.0.59.tar.gz。

下面是具体的编译安装过程：

```
[root@webserver ~]#tar -zxvfhttpd-2.0.59.tar.gz
[root@webserver ~]#cdhttpd-2.0.59
[root@webserver ~]#./configure --prefix=/usr/local/apache2 \
--enable-modules=most \
--enable-mods-shared=all \
--enable-so \
[root@webserver ~]#make
[root@webserver ~]#make install
```

Apache 安装步骤以及选项的含义已经在第 5 章有详细的介绍，这里不再详述。我们设定 Apache 的安装路径为/usr/local/apache2,"--enable-modules=most"表示将大部分模块静态编译到 httpd 二进制文件中,"--enable-mods-shared=all"表示动态加载所有模块，如果去掉-shared 的话，是静态加载所有模块。

4.3 Apache 的配置

4.3.1 Apache 的目录结构

上面我们通过源码方式把 Apache 安装到了/usr/local/apache2 下，详细的目录结构如表 4-1 所示。

表 4-1 Apache 的目录结构

目录名称	目录作用
bin	Apache 二进制程序及服务程序目录
lib	库文件目录
conf	主配置文件目录
logs	日志文件目录
htdocs	默认 Web 应用根目录
cgi-bin	默认的 cgi 目录
modules	动态加载模块目录，上面生成的 JK 模块，就放在该目录下
manual	Apache 使用文档目录
man	Man 帮助文件目录
error	默认的错误应答文件目录
include	包含头文件的目录
icons	Apache 图标文件目录

4.3.2 Apache 的配置文件

(1)/usr/local/apache2/conf/httpd.conf(Apache 主要配置文件)

httpd.conf 是包含若干指令的纯文本文件，配置文件的每一行包含一个指令，指令是不区分大小写的，但是指令的参数却对大小写比较敏感，"#"开头的行被视为注解并被忽略，但是，注解不能出现在指令的后边。配置文件中的指令对整个 Web 服务器都是有效的。

(2)/usr/local/apache2/bin/apachectl（Apache 启动/关闭程序）

可以通过"/usr/local/apache2/bin/apachectl start/stop/restart"的方式启动/关闭/重启 Apache 进程。apachectl 其实是个 shell 脚本，它可以自动检测

httpd.conf 的指令设定,让 Apache 在最优的方式下启动。

(3)/usr/local/apache2/bin/httpd

httpd 是一个启动 Apache 的二进制文件。

(4)/usr/local/apache2/modules

Apache 是模块化的 Web 服务器,所有编译的模块默认都会放到该目录下,然后可以在 httpd.conf 文件中指定模块位置,动态加载!

(5)/usr/local/apache2/logs/access_log

/usr/local/apache2/logs/error_log

这两个分别为 Apache 的访问日志文件和错误日志文件,通过监测这两个文件,我们可以了解 Apache 的运行状态。

4.3.3 httpd.conf 基本设定

httpd.conf 配置文件有三个部分组成,分别是:全局变量、配置主服务器和配置虚拟主机。

下面我们详细讲述/usr/local/apache2/conf/httpd.conf 文件各个指令的含义。

[root@webserver ~]#vi/usr/local/apache2/conf/httpd.conf

1. 全局变量配置部分

ServerRoot "/usr/local/apache2"

ServerRoot 用于指定守护进程 httpd 的运行目录,httpd 在启动之后自动将进程的当前目录切换到这个指定的目录下,可以使用相对路径和绝对路径。

PidFile logs/httpd.pid

PidFile 指定的文件将记录 httpd 守护进程的进程号,由于 httpd 能自动复制其自身,因此 Apache 启动后,系统中就有多个 httpd 进程,但只有一个进程为最初启动的进程,它为其他进程的父进程,对父进程发送信号将影响所有的 httpd 进程。

Timeout 300

Timeout 用来定义客户端和服务器端程序连接的超时间隔,单位为秒,超过这个时间间隔,服务器将断开与客户端的连接。

KeepAlive On

KeepAlive 用来定义是否允许用户建立永久连接。On 为允许建立永久连接,Off 表示拒绝用户建立永久连接。例如,要打开一个含有很多图片的页面,完全可以建立一个 tcp 连接将所有信息从服务器传到客户端即可,而没有必要对每个图片都建立一个 tcp 连接。根据使用经验,对于一个静态网页,包含多个图片、css 文件、javascript 文件时,建议此选项设置为 On;对于动态网页,建议关闭此选择,即设置为 Off。

MaxKeepAliveRequests 100

MaxKeepAliveRequests 用来定义一个 tcp 连接可以进行 HTTP 请求的最大次数,设置为 0 代表不限制请求次数,这个选项与上面的 KeepAlive 相互关联,当 KeepAlive 设定为 On,这个设置开始起作用。

KeepAliveTimeout 15

KeepAliveTimeout 用来限定一次连接中最后一次请求完成后延时等待的时间,如果超过了这个等待时间,服务器就断开连接。

```
<IfModule prefork.c>
ServerLimit          300
StartServers          5
MinSpareServers       5
MaxSpareServers      20
MaxClients          300
MaxRequestsPerChild 2000
</IfModule>

<IfModule worker.c>
StartServers          2
MaxClients          150
MinSpareThreads      25
MaxSpareThreads      75
ThreadsPerChild      25
MaxRequestsPerChild   0
</IfModule>
```

上面的两段指令其实是对 Web 服务器的使用资源进行的设置,Apache 可以运行在 prefork 和 worker 两种模式下,可以通过/usr/local/apache2/bin/httpd -l 来确定当前 Apache 运行在哪种模式。在编译 Apache 时,如果指定"--with-mpm=MPM"参数,那么 Apache 默认运行在 prefork 模式下,如果指定的是"--with-mpm=worker"参数,那么默认运行在 worker 模式下。如果没有做任何模式指定,那么 Apache 默认也运行在 prefork 模式下。

prefork 采用预派生子进程方式,用单独的子进程来处理不同的请求,进程之间彼此独立。

①StartServers 表示在启动 Apache 时,就自动启动的进程数目。

②MinSpareServers 设置了最小的空闲进程数,这样可以不必在请求到来时再产生新的进程,从而减小了系统开销以增加性能。

③MaxSpareServers 设置了最大的空闲进程数,如果空闲进程数大于这个值,Apache 会自动关闭这些多余进程;如果这个值设置的比 MinSpareServers 小,则 Apache 会自动把其调整为 MinSpareServers+1。

④MaxRequestsPerChild 设置了每个子进程可处理的最大请求数,也就是一个进程能够提供的最大传输次数,当一个进程的请求超过此数目时,程序连接自动关闭。0 意味着无限,即子进程永不销毁。这里我们设置为 2000,已经基本能满足中小型网站的需要。

⑤MaxClients 设定 Apache 可以同时处理的请求数目,是对 Apache 性能影响最大的参数。默认值 150 对于中小网站基本够了,但是对于大型网站,是远远不够的。如果请求总数已达到这个值,那么后面的请求就必须排队,这就是系统资源充足而网站访问却很慢的主要原因。理论上这个值设置的越大,可以处理的请求越多,但是 Apache 默认限制不能超过 256。如果要设置的值大于 256,可以直接使用 ServerLimit 指令加大 MaxClients。这里我们设置的值是 300。

相对于 prefork,worker 是全新的支持多线程和多进程的混合模型。由于是使用线程来处理请求,所以可以处理更多的请求,对系统资源的使用开销也比较小。

⑥MinSpareThreads 设置了最少的空闲线程数。

⑦MaxSpareThreads 设置了最多的空闲线程数。

⑧MaxClients 设定同时连入客户端的最大数。如果现有子进程中的线程总数不能满足请求的负载,控制进程将派生出新的子进程。默认最大子进程数是 16,加大时需要通过 ServerLimit 来进行声明,ServerLimit 最大值为 20000。注意,如果指定了 ServerLimit,那么此值乘以 ThreadsPerChild 必须大于等于 MaxClients,而 MaxClients 必须是 ThreadsPerChild 的整数倍,否则 Apache 将会自动调节到一个相应值。

⑨ThreadsPerChild 设定每个子进程的工作线程数,此选项在 worker 模式下与性能密切相关,默认最大值为 64,如果系统负载很大,不能满足需求的话,需要使用 ThreadLimit 指令,此指令默认最大值为 20000,Worker 模式下所能同时处理请求总数由子进程数乘以 ThreadsPerChild 值来确定,保证大于等于 MaxClients 的设定值。

Listen 80

此指令是设置 Apache 的监听端口,默认的 http 服务都是运行在 80 端口下,当然也可以修改为其他端口。

```
LoadModule access_module modules/mod_access.so
LoadModule auth_module modules/mod_auth.so
```

这里是指定需要加载的模块,所有需要加载的模块都要首先放到 modules 目录下,然后在这里指定加载即可。

……以下省略……

2. 配置主服务器

```
User nobody
Group nobody
```

这里是设定执行 httpd 的用户和组,默认是 nobody 用户启动 Apache,这里将组也设置为 nobody。

```
ServerAdmin you@example.com
```

这里指定的是网站管理员的邮件地址,如果 Apache 出现问题,会发信到这个邮箱。

```
ServerName www.example.com:80
```

这里是指定系统的主机名,如果没有指定,会以系统的 hostname 为依据。特别注意,这里设定的主机名一定要能找到对应的 IP 地址(主机名和 IP 的对应关系可以在/etc/hosts 设置)。

```
UseCanonicalName Off
```

设定是否使用标准的主机名,如果设置为 On,则以 ServerName 指定的主机名为主。如果 Web 主机有多个主机名,请设置为 Off。

```
DocumentRoot "/usr/local/apache2/htdocs"
```

此指令非常重要,是用来放置网页的路径,Apache 会默认到这个路径下寻找网页,并显示在浏览器上。

```
<Directory />
```

这里的"/"是相对路径,表示 DocumentRoot 指定的目录。

```
Options FollowSymLinks
AllowOverride None
</Directory>
<Directory "/usr/local/apache2/htdocs">
Options Indexes FollowSymLinks
Order allow,deny
Allow from all
</Directory>
```

上面这段信息是对 DocumentRoot 指定目录的权限设定,有 3 个必须知道的参数。

(1) Options

Options 表示在这个目录内能够执行的操作,主要有 5 个可设定的值:

1) Indexes　　此参数表示,如果在 DocumentRoot 指定目录下找不到以 index 打头的文件时,就将此目录下所有文件列出来。这种做法很不安全,不建议使用这个参数。

2) FollowSymLinks　　表示在 DocumentRoot 指定目录下允许符号链接到其他目录。

3) ExecCGI　　表示允许在 DocumentRoot 指定的目录下执行 cgi 操作。

4) Includes　　准许 SSI(Server-side Includes)操作。

5) MultiViews　　不常用,根据语言的不同显示不同的信息提示。

(2) AllowOverride

AllowOverride 通过设定的值决定是否读取目录中的.htaccess 文件,来改变原来所设置的权限,其实完全可以在 httpd.conf 中设置所有的权限。但是,这样一来 Apache 使用者的其他用户如果要修改一些权限的话,就比较麻烦了。因此,Apache 预设可以让用户以自己目录下的.htaccess 文件复写权限,常用的选项有两个:

1) All　　表示可以读取.htaccess 文件的内容,修改原来的访问权限。

2) None　　表示不读取.htaccess 文件,权限统一控制。

(3) Order

Order 用来控制目录和文件的访问授权,常用的组合有 2 个:

1) Deny,Allow　　表示先检查禁止的设定,没有禁止的全部允许。

2) Allow,Deny　　表示先检查允许的设定,没有允许的全部禁止。

DirectoryIndex index.html index.htm index.jsp index.html.var

这里是对 Apache 打开网站默认首页的设定,Apache 在打开网站首页时一般会查找 index.* 之类的网页文件,DirectoryIndex 指令就是设置 Apache 依次寻找能打开网站首页的顺序,例如我们要打开 www.ixdba.net 网站,Apache 会首先在 DocumentRoot 指定的目录下寻找 index.html,也就是 www.ixdba.net/index.html,如果没有找到 index.html 网页,那么 Apache 会接着查找 index.htm,如果找到就执行 www.ixdba.net/index.htm 打开首页,以此类推。

UserDir public_html

UserDir 用于设定用户个人主页存放的目录,默认为 public_html 目录,例如有个用户为 ixdba,如果他的根目录为/home/ixdba,那么他的默认主页存放路径

为 /home/ixdba/public_html。

AccessFileName .htaccess

定义每个用户目录下的访问控制文件的文件名,默认为.htaccess。

TypesConfig conf/mime.types

TypesConfig 用来定义在哪里查询 mime.types 文件。

HostnameLookups Off

用来指定 Apache 在日志中记录访问端地址是 IP 还是域名。如果为 Off,则记录 IP 地址;如果是 On,记录域名信息,建议设置为 Off。

ErrorLog logs/error_log

指定错误日志文件的位置。

CustomLog logs/access_log common

指定 Apache 访问日志文件的位置和记录日志的模式。

ServerTokens Full

这个指令定义包含在 HTTP 回应头中的信息类型,默认为"Full",表示在回应头中将包含操作系统类型和编译信息,可以设为 Full|OS|Minor|Minimal|Major|Prod 列各值中的一个,Full 包含的信息最多,而 Prod 最少。

ServerSignature On

此指令有 3 个选项:On、Off 和 Email。On 选项表示在 Apache 的出错页面会显示 Apache 版本以及加载的模块信息。Email 选项与 On 相同,但是还会多出一个包含管理员邮件地址的 mailto 连接。Off 表示不显示任何信息。

```
Alias /icons/ "/usr/local/apache2/icons/"
<Directory "/usr/local/apache2/icons">
    Options Indexes MultiViews
    AllowOverride None
    Order allow,deny
    Allow from all
</Directory>
```

上面这段信息是 Apache 中对别名的设定,当访问 http://ip 或域名/icons 时,由于 Alias 的原因,Apache 不会去 DocumentRoot 指定的目录查找文件,而是直接访问/usr/local/apache2/icons 目录下对应的文件信息。而<Directory>标签就是对这个目录权限的设定。

```
ScriptAlias /cgi-bin/ "/usr/local/apache2/cgi-bin/"
<Directory "/usr/local/apache2/cgi-bin">
    AllowOverride None
```

```
        Options None
        Order allow,deny
        Allow from all
</Directory>
```
这段信息和上面的 Alias 设定类似，只不过这个是设置 cgi 脚本的执行权限而已，Apache 默认在/usr/local/apache2/cgi-bin 目录下具有 cgi 脚本执行权限。

```
JkWorkersFile /usr/local/apache2/conf/workers.properties
JkMountFile   /usr/local/apache2/conf/uriworkermap.properties
JkLogFile /usr/local/apache2/logs/mod_jk.log
JkLogLevel info
JkLogStampformat "[%a %b %d %H:%M:%S %Y]"
```
上面这五行是对 JK 连接器属性的设定，第一、二行指定 Tomcat workers 配置文件以及对网页的过滤规则，第三行指定 JK 模块的日志输出文件，第四行指定日志输出级别，最后一行指定日志输出格式。

3. 虚拟主机的设定

```
NameVirtualHost *
```
表示启用虚拟主机。如果开启虚拟主机，上面 DocumentRoot 指令指定的配置将失效，以虚拟主机中指定的 DocumentRoot 为主。

```
<VirtualHost *>
    ServerAdmin webmaster@ixdba.net
    DocumentRoot /webdata/www
    ServerName 192.168.60.198
    ErrorLog logs/error_log
    CustomLog logs/access_log common
JkMountFile   conf/uriworkermap.properties
</VirtualHost>
```
上面这段是添加一个虚拟主机，其实虚拟主机是通过不同的 ServerName 来区分的，这里为了演示方便，使用 IP 代替域名。我们经常看到在一个 Web 服务器上有很多个网站，并且每个站点都不相同，这就是通过虚拟主机技术实现的。

每个虚拟主机用<VirtualHost>标签设定，各个字段含义如下。

ServerAdmin：表示虚拟主机的管理员邮件地址。

DocumentRoot：指定虚拟主机站点文件路径。

ServerName：虚拟主机的站点域名。

ErrorLog：指定虚拟主机站点错误日志输出文件。

CustomLog：指定虚拟主机站点访问日志输出文件。

JkMountFile：指定对此虚拟主机的 URL 映射文件。

例如，我们要在一个服务器上建立 3 个网站，只需配置下面 3 个虚拟主机即可：

```
<VirtualHost *:80>
    ServerAdmin webmaster_www@ixdba.net
    DocumentRoot /webdata/html
    ServerName www.ixdba.net
    ErrorLog logs/www.error_log
    CustomLog logs/www.access_log common
</VirtualHost>
<VirtualHost *:80>
    ServerAdmin webmaster_bbs@ixdba.net
    DocumentRoot /webdata/bbs
    ServerName bbs.ixdba.net
    ErrorLog logs/bbs.error_log
    CustomLog logs/bbs.access_log common
</VirtualHost>
<VirtualHost *:80>
    ServerAdmin webmaster_mail@ixdba.net
    DocumentRoot /webdata/mail
    ServerName mail.ixdba.net
    ErrorLog logs/mail.error_log
    CustomLog logs/mail.access_log common
</VirtualHost>
```

这样，就建立了 3 个虚拟主机，对应的站点域名分别是 www.ixdba.net、bbs.ixdba.net 和 mail.ixdba.net。接下来的工作就是，将这 3 个站点域名对应的 IP 全部解析到一台 Web 服务器即可。

第 5 章

MySQL 数据库基础

5.1 数据库系统的组成

数据库应用系统主要包括数据库(DataBase,简称 DB)、数据库管理系统(DataBase Management System,简称 DBMS)、数据库应用三大部分。

实际的数据库可能相当复杂,对数据库的操作就更加复杂。为了更有效地管理和操作数据库,人们研制出数据库管理系统。DBMS 是人们用于操作数据库的软件产品。我们平常说的数据库 Oracle、MS SQL Server、MySQL、Sybase、FoxPro、Access 等等,都是属于 DBMS 范畴。虽然这些 DBMS 产品的功能各有所异,但是基本功能都大同小异。

MySQL 是一个真正的多用户、多线程 SQL 数据库服务器,它是一个客户机/服务器结构的实现。MySQL 是现在流行的关系数据库中的一种,相比其他的数据库管理系统来说,MySQL 具有小巧、功能齐全、查询迅捷等优点。MySQL 主要目标是快速、健壮和易用。关键它是免费的,可以在 Internet 上免费下载,并可免费使用。MySQL 对于一般中小型,甚至大型应用都能够胜任。

5.2 MySQL 数据库的特点

MySQL 是一个快速、多线程、多用户的 SQL 数据库服务器,其出现虽然只有短短的数年时间,但凭借着"开放源代码"的东风,它从众多的数据库中脱颖而出,成为 PHP 的首选数据库。除了因为几乎是免费的之外,支持正规的 SQL 查询语言和采用多种数据类型,能对数据进行各种详细的查询等都是 PHP 选择 MySQL 的主要原因。

下面,就让我们来看看 MySQL 数据库的主要特征。

(1)MySQL 的核心程序采用完全的多线程编程。线程是轻量级的进程,它可以灵活地为用户提供服务,而不用过多的系统资源。用多线程和 C 语言实现的 MySQL 能充分利用 CPU。

(2)MySQL 可运行在不同的操作系统下。简单地说,MySQL 可以支持 Windows95/98/NT/2000 以及 UNIX、Linux 和 SUN OS 等多种操作系统平台。这意味着在一个操作系统中实现的应用可以很方便地移植到其他的操作系统下。

(3)MySQL 有一个非常灵活而且安全的权限和口令系统。当客户与 MySQL 服务器连接时,他们之间所有的口令传送被加密,而且 MySQL 支持主机认证。

(4)MySQL 支持 ODBC for Windows。MySQL 支持所有的 ODBC 2.5 函数和其他许多函数,这样就可以用 Access 连接 MySQL 服务器,从而使得 MySQL 的应用被大大扩展。

(5)MySQL 支持大型的数据库。虽然对于用 PHP 编写的网页来说只要能够存放上百条以上的记录数据就足够了,但 MySQL 可以方便地支持上千万条记录的数据库。作为一个开放源代码的数据库,MySQL 可以针对不同的应用进行相应的修改。

(6)MySQL 拥有一个非常快速而且稳定的基于线程的内存分配系统,可以持续使用而不必担心其稳定性。事实上,MySQL 的稳定性足以应付一个超大规模的数据库。

(7)强大的查询功能。MySQL 支持查询的 SELECT 和 WHERE 语句的全部运算符和函数,并且可以在同一查询中混用来自不同数据库的表,从而使得查询变得快捷和方便。

(8)PHP 为 MySQL 提供了强力支持,PHP 中提供了一整套的 MySQL 函数,对 MySQL 进行了全方位的支持。

5.3 MySQL 数据库的安装

(1)下载 MySQL 的安装文件

安装 MySQL 需要下面两个文件:

MySQL-server-5.0.46.i386.rpm

MySQL-client-5.0.46.i386.rpm

(2)安装 MySQL

rpm 文件是 Red Hat 公司开发的软件安装包,rpm 可让 Linux 在安装软件包时免除许多复杂的手续。该命令在安装时常用的参数是 ivh,其中 i 表示将安装指定的 rmp 软件包,v 表示安装时的详细信息,h 表示在安装期间出现"#"符号来显示目前的安装过程,这个符号将持续到安装完成后才停止。

1)安装服务器端

在有两个 rmp 文件的目录下运行如下命令:

[root@test1 local]# rpm -ivh MySQL-server-5.0.46-0.i386.rpm

显示如下信息。

```
warning:MySQL-server-5.0.46-0.i386.rpm:V3 DSA signature:NOKEY,key
ID 5072e1f5
   Preparing...
   ###########################[100%]
   1:MySQL-server###########################[100%]
   ……………………(省略显示)
/usr/bin/mysqladmin -u root password 'new-password'
/usr/bin/mysqladmin -u root -h test1 password 'new-password'
   ……………………(省略显示)
Starting mysql daemon with databases from /var/lib/mysql
```

如出现以上信息,服务端安装完毕。测试是否成功可运行 netstat 看 MySQL 端口是否打开,如打开表示服务已经启动,安装成功。MySQL 默认的端口是 3306。

```
[root@test1 local]# netstat -nat
Active Internet connections (servers and established)
Proto Recv-Q Send-Q Local Address  ForeignAddress State
tcp00  0.0.0.0:3306 0.0.0.0:*  LISTEN
```

上面显示可以看出 MySQL 服务已经启动。

2)安装客户端

运行如下命令:

```
[root@test1 local]# rpm -ivh MySQL-client-5.0.46-0.i386.rpm
warning:MySQL-client-5.0.46-0.i386.rpm:V3 DSA signature:NOKEY,key
ID 5072e1f5
   Preparing...
   ########################[100%]
   1:MySQL-client
   ########################[100%]
```

显示安装完毕。

连接 MySQL,测试是否成功。

5.4 登录 MySQL

登录 MySQL 的命令是 mysql,mysql 的使用语法如下:

mysql [-u username] [-h host] [-p[password]] [dbname]

username 与 password 分别是 MySQL 的用户名与密码,MySQL 的初始管理帐号是 root,没有密码。

注意:root 用户不是 Linux 的系统用户。MySQL 默认用户是 root,由于初始没有密码,第一次进时只需键入 mysql 即可。

[root@test1 local]# mysql
Welcome to the MySQL monitor.Commands end with ; or g.
Your MySQL connection id is 1
Server version: 5.0.46-enterprise-nt MySQL Enterprise Server (Commercial)

Type 'help;' or 'h' for help. Type 'c' to clear the buffer.
mysql>

出现了"mysql>"提示符,表明 MySQL 安装成功!
增加了密码后的登录格式如下:
mysql -u root -p
Enter password:(输入密码)

其中-u 后跟的是用户名,-p 要求输入密码,回车后在输入密码处输入密码。

注意:该 mysql 文件在/usr/bin 目录下,与后面讲的启动文件/etc/init.d/mysql 不是一个文件。

5.5 MySQL 的几个重要目录

MySQL 安装完成后不像 SQL Server 默认安装在一个目录,它的数据库文件、配置文件和命令文件分别在不同的目录。对于 Linux 的初学者,了解这些目录非常重要,因为 Linux 本身的目录结构就比较复杂,如果搞不清楚 MySQL 的安装目录就无法深入学习。

(1)数据库目录
/var/lib/mysql/
(2)配置文件目录
/usr/share/mysql(mysql.server 命令及配置文件)
(3)相关命令目录
/usr/bin(mysqladmin mysqldump 等命令)
(4)启动脚本目录
/etc/rc.d/init.d/(启动脚本文件 mysql 的目录)

5.6 修改登录密码

MySQL 默认没有密码,安装完毕增加密码的重要性是不言而喻的。
(1)命令
usr/bin/mysqladmin -u root password 'new-password'
格式:mysqladmin -u 用户名 -p 旧密码 password 新密码
(2)举例
例:给 root 加密码 123456。
键入以下命令:
[root@test1 local]# /usr/bin/mysqladmin -u root password 123456
注:因为开始时 root 没有密码,所以-p 旧密码一项可以省略。
(3)测试是否修改成功
①不用密码登录。
[root@test1 local]# mysql
ERROR 1045:Access denied for user:'root@localhost'(Using password:NO)
显示错误,说明密码已经修改。
②用修改后的密码登录。
[root@test1 local]# mysql -u root -p
Enter password:(输入修改后的密码 123456)
Welcome to the MySQL monitor.Commands end with ; or g.
Your MySQL connection id is 4
Server version:5.0.46-enterprise-nt MySQL Enterprise Server (Commercial)
Type 'help;' or 'h' for help. Type 'c' to clear the buffer.
mysql>
说明登陆成功! 这是通过 mysqladmin 命令修改口令,也可以通过修改库来更改口令。

5.7 启动与停止

(1)启动
MySQL 安装完成后,启动文件 mysql 在/etc/init.d 目录下,在需要启动时运行下面命令即可。

[root@test1 init.d]# /etc/init.d/mysql start

(2)停止

/usr/bin/mysqladmin-u root-p shutdown

(3)自动启动

①查看 MySQL 是否在自动启动列表中。

[root@test1 local]#/sbin/chkconfig list

②把 MySQL 添加到系统的启动服务组。

[root@test1 local]#/sbin/chkconfig add mysql

③把 MySQL 从启动服务组里删除

[root@test1 local]#/sbin/chkconfigdel mysql

5.8 更改 MySQL 目录

MySQL 默认的数据文件存储目录为/var/lib/mysql。假如要把目录移到/ixdba/data 目录下,需要进行以下步骤。

(1)home 目录下建立 data 目录

cd /ixdba

mkdir data

(2)停止 MySQL 服务进程

mysqladmin -u root -p shutdown

(3)把/var/lib/mysql 整个目录移到/ixdba/data

mv /var/lib/mysql /ixdba/data/

这样就把 MySQL 的数据文件移动到/ixdba/data/mysql 下。

(4)找到 my.cnf 配置文件

如果/etc/目录下没有 my.cnf 配置文件,需要到/usr/share/mysql/下找到 *.cnf 文件,拷贝其中一个到/etc 目录下,并改名为 my.cnf。命令如下：

[root@test1 mysql]# cp /usr/share/mysql/my-medium.cnf /etc/my.cnf

(5)编辑 MySQL 的配置文件/etc/my.cnf

为保证 MySQL 能够正常工作,需要指明 mysql.sock 文件的产生位置。修改 socket =/var/lib/mysql/mysql.sock 中等号右边的值为：/ixdba/data/mysql/mysql.sock。

操作如下：

vi my.cnf（用 vi 工具编辑 my.cnf 文件,找到下列数据修改）

\# The MySQL server
[mysqld]
port = 3306
\# socket = /var/lib/mysql/mysql.sock(原内容,为了更稳妥用"#"注释此行)
socket = /ixdba/data/mysql/mysql.sock(新增一行)

(6) 修改 MySQL 启动脚本/etc/rc.d/init.d/mysql

修改 MySQL 启动脚本/etc/rc.d/init.d/mysql,把其中 datadir=/var/lib/mysql一行中,等号右边的路径改为现在的实际存放路径:/ixdba/data/mysql。

[root@test1 etc]# vi /etc/rc.d/init.d/mysql
\# datadir = /var/lib/mysql(注释此行)
datadir = /ixdba/data/mysql(加上此行)

(7) 重新启动 MySQL 服务

/etc/rc.d/init.d/mysql start

或用 reboot 命令重启 Linux。

如果 MySQL 能够正常启动,就表明修改成功,否则对照七个步骤进行检查。

5.9 MySQL 的常用操作

注意:MySQL 中每个命令后都要以分号";"结尾。

(1) 显示数据库

mysql> show databases;

+----------+
| Database |
+----------+
| mysql |
| test |
+----------+

2 rows in set (0.04 sec)

MySQL 安装完有两个数据库:mysql 和 test。mysql 库非常重要,它里面有 MySQL 的系统信息,执行修改密码和新增用户,实际上就是用这个库中的相关表进行操作。

(2) 显示数据库中的表

MySQL> use mysql;(打开库,对每个库进行操作就要打开此库)

```
Database changed
mysql>show tables;
+-----------------+
| Tables_in_mysql |
+-----------------+
| columns_priv    |
| db              |
| func            |
| host            |
| tables_priv     |
| user            |
+-----------------+
6 rows in set (0.01 sec)
```

(3)显示数据表的结构

describe 表名；

(4)显示表中的记录

select * from 表名；

例如：显示 mysql 库中 user 表中的记录。所有能对 MySQL 操作的用户都在此表中。

Select * from user;

(5)建库

create database 库名；

例如：创建一个名为 aaa 的库。

MySQL> create databases aaa;

(6)建表

use 库名；

create table 表名（字段设定列表）；

例如：在刚创建的 aaa 库中建立表 name，表中有 id(序号,自动增长),xm(姓名),xb(性别),csny(出身年月)四个字段。

use aaa;

mysql>create table ixdba (id int(3) auto_increment not null primary key, xm char(8),xb char(2),csny date);

可以用 describe 命令查看表结构。

mysql> describe ixdba;

```
+----+------+------+------------+
| Field | Type | Null | Key | Default | Extra |
+----+------+------+------------+
| id  | int(3)  |     | PRI | NULL | auto_increment |
| xm  | char(8) | YES |     | NULL |                |
| xb  | char(2) | YES |     | NULL |                |
| csny| date    | YES |     | NULL |                |
+----+------+------+------------+
```

(7)增加记录
例如:增加几条相关记录。
MySQL> insert into name values('','张三','男','1990-08-01');
MySQL> insert into name values('','李四','女','1988-06-20');
可用 select 命令来验证结果。
MySQL> select * from name;

```
+----+------+------+------------+
| id | xm   | xb   | csny       |
+----+------+------+------------+
| 1  | 张三 | 男   | 1990-08-01 |
| 2  | 李四 | 女   | 1988-06-20 |
+----+------+------+------------+
```

(8)修改记录
例如:将张三的出生年月改为 1979-11-10。
mysql> update name set csny='1979-11-10' where xm='张三';
(9)删除记录
例如:删除张三的记录。
mysql> delete from name where xm='张三';
(10)删库和删表
drop database 库名;
drop table 表名;

5.10 增加 MySQL 用户

格式:
grant select on 数据库.* to 用户名@登录主机 identified by "密码"

例1 增加一个用户 user_1,密码为 123,该用户可以在任何主机上登录,并对所有数据库有查询、插入、修改、删除的权限。首先用 root 用户连入 MySQL,然后键入以下命令:

mysql> grant select,insert,update,delete on *.* to user_1@"%" Identified by "123";

例2 增加的用户是十分危险的,如果知道了 user_1 的密码,那么就可以在网上的任何一台电脑上登录到这个 MySQL 数据库,并可以对这个数据库为所欲为了,解决办法见例2。

例3 增加一个用户 user_2,密码为 123,让此用户只可以在 localhost 上登录,并可以对数据库 aaa 进行查询、插入、修改、删除的操作,这样用户即使知道 user_2 的密码,也无法从网上直接访问数据库,只能通过 MySQL 主机来操作 aaa 库。

mysql>grant select,insert,update,delete on aaa.* to user_2@localhost identified by "123";

新增的用户如果登录不了 MySQL,在登录时用如下命令:

mysql -u user_1 - p -h 192.168.12.50(-h 后跟的是要登录主机的 ip 地址)

5.11　备份与恢复

(1)备份

例如:将上例创建的 aaa 库备份到文件 back_aaa 中。

[root@test1 root]# cd /home/data/mysql(进入到库目录,本例库已由/var/lib/mysql 转到/ixdba/data/mysql)

[root@test1 mysql]# mysqldump -u root -p --opt aaa; back_aaa

(2)恢复

[root@test mysql]# mysql -u root -p ccc; back_aaa

5.12　phpMyAdmin 的安装与配置

5.12.1　phpMyAdmin 的安装

phpMyAdmin 安装很简单,只需把 phpMyAdmin 的程序代码解压放入网站根目录下的 phpMyAdmin 文件夹中即可。然后复制 config.sample.inc.php,重命名为"config.inc.php"。文件 config.inc.php 是 phpMyAdmin 的配置文件,上传服务器时必须上传该文件。

修改 phpMyAdmin 连接 MySQL 的用户名和密码，找到代码行：

// $cfg['Servers'][$i]['controluser'] = 'pma';

// $cfg['Servers'][$i]['controlpass'] = 'pmapass';

将"//"注释号删除，同时输入 MySQL 中配置的用户名和密码，例如：

$cfg['Servers'][$i]['controluser'] = 'root';

$cfg['Servers'][$i]['controlpass'] = '*******';

如果需要通过远程服务器调试使用 phpMyAdmin，则需要添加 blowfish_secret 内容定义 Cookie，找到代码行：

$cfg['blowfish_secret'] = '';

设置内容为 Cookie(任意字母)。

$cfg['blowfish_secret'] = 'xxx';

5.12.2 图文详解 phpMyAdmin

首先登陆 phpMyAdmin，这里输入 MySQL 管理员账号 root，然后输入 root 密码，即可登陆到 phpMyAdmin 中，如图 5-1 所示。

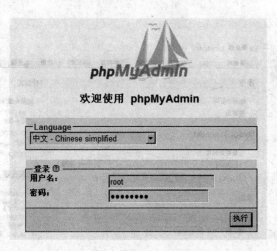

图 5-1 登陆 phpMyAdmin

登陆后的界面，如图 5-2 所示。

下面开始创建一个数据库，在图 5-2 的右栏中，可以看到有创建数据库的操

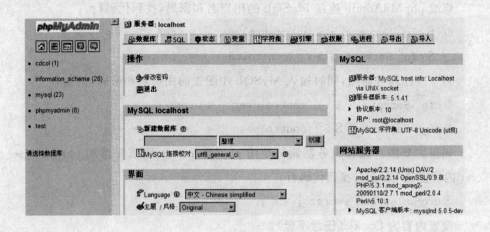

图 5-2 phpMyAdmin 登陆主界面

作,只需要填写要创建的数据库名称和数据库字符集即可,图 5-2 中创建数据库中的"整理"就是要指定新创建数据库的字符集,对于字符集,一般选择 GBK 即可,当然有时候要根据需要进行选择,在下拉框中有很多可供选择的字符集。所有设置完毕,点击创建,完成数据库的创建,如图 5-3 所示。

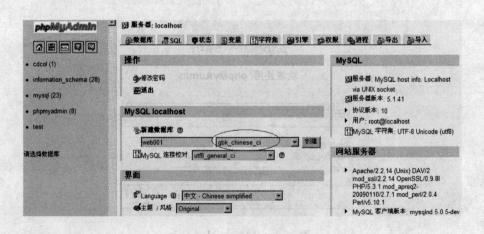

图 5-3 创建一个数据库

在数据库创建完毕后,会提示新建的数据库已经建立,并且还给出了创建数据库用到的 SQL 语句,如图 5-4 所示。

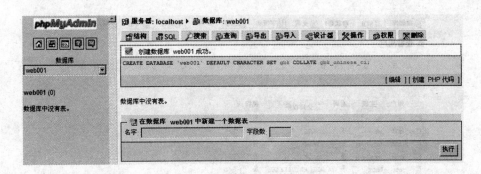

图 5-4 数据库创建完毕

数据库创建成功后,在左栏中就可以看到新创建的数据库名称,新创建的数据库没有任何表,查看右栏中最上面的导航信息,点击"权限"选项,就可以列出当前数据库中所有已存在用户的相关权限信息,如图 5-5 所示。

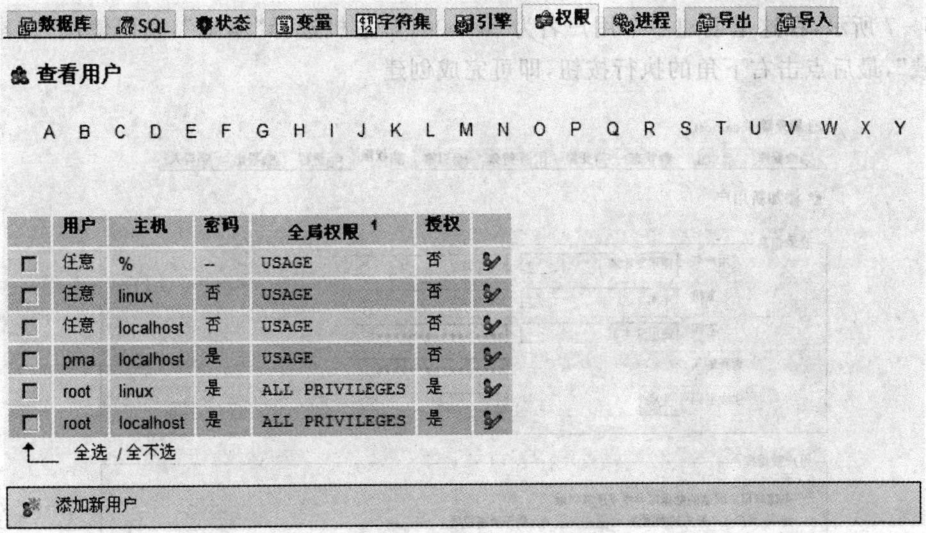

图 5-5 创建一个用户

要添加一个用户,点击"添加新用户"即可开始创建一个用户,如图 5-6 所示。

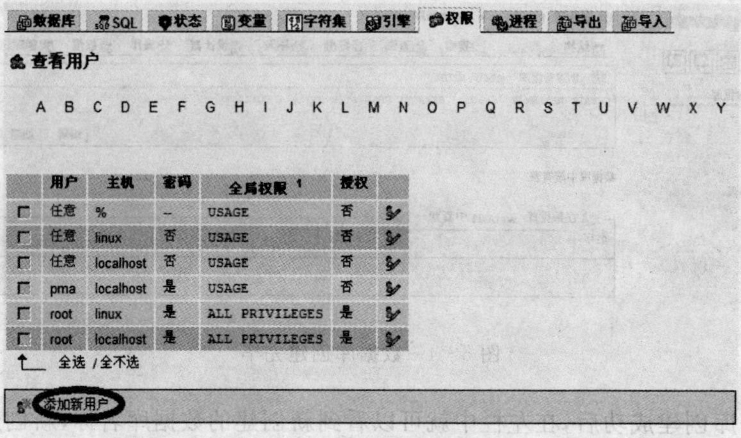

图 5-6 开始创建用户

要创建一个数据库用户,需要填写用户名、使用的主机、用户密码等信息,如图 5-7 所示,在这里创建一个用户名为"web001",主机选择"本地",密码使用"文本域",最后点击右下角的执行按钮,即可完成创建。

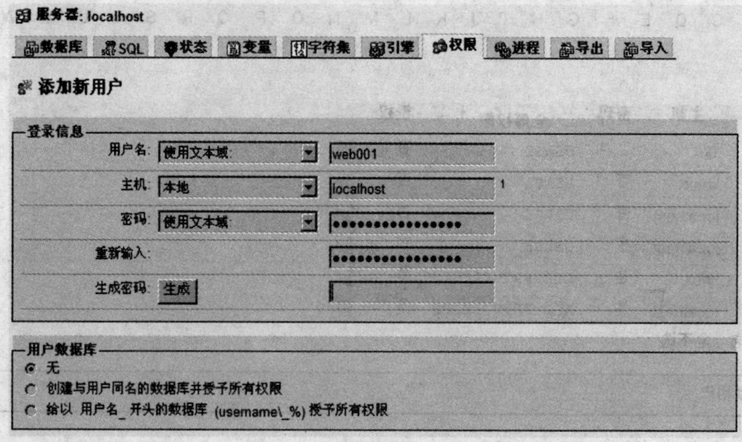

图 5-7 创建用户过程

用户创建完成后,会给出成功提示,并且给出创建用户的详细 SQL 语句,如图 5-8 所示。

第 5 章 MySQL 数据库基础

图 5-8 成功创建一个用户

用户创建完毕后,需要给用户指定相应的权限,在图 5-8 的最下面找到"按数据库指定权限"选项,给用户指定权限,如图 5-9 所示,在"使用文本域"下拉框中选择对应的数据库。

图 5-9 选择数据库

在下拉框选择刚才创建的数据库 web001,如图 5-10 所示。

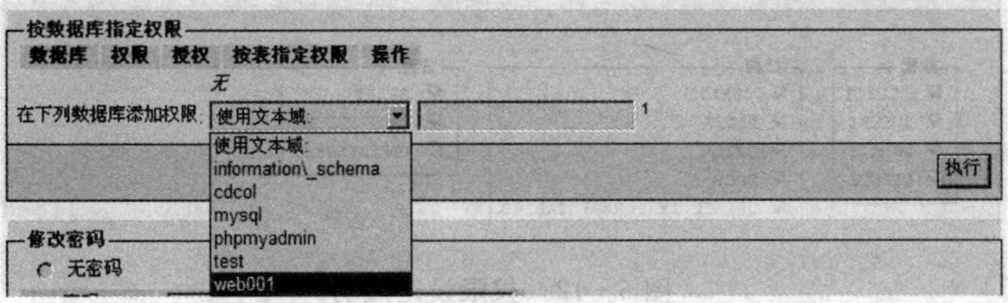

图 5-10 指定数据库 web001

当选择 web001 数据库后,出现数据库操作权限信息,如图 5-11 所示,在这里将用户需要的权限勾选即可。

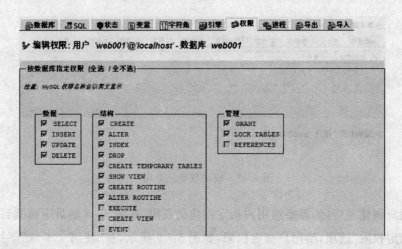

图 5-11　设定用户操作权限

在设定用户权限后，phpMyAdmin 就开始执行更新操作，如图 5-12 所示，这里提示已经成功更新了新建用户的权限，并在下面打印出了更新权限的 SQL 语句。

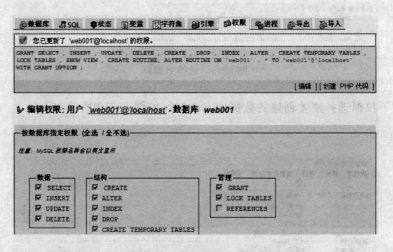

图 5-12　权限设定成功

如果要查看数据库的字符集，重新返回到 phpMyAdmin 的首页面，然后在右栏点击"数据库"选项，如图 5-13 所示，默认看不到字符集信息，点击最下面的"启用统计"按键，即可显示，如图 5-14 所示。

第 5 章　MySQL 数据库基础

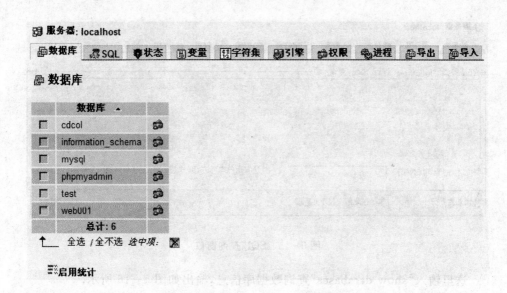

图 5-13　查看数据库字符集

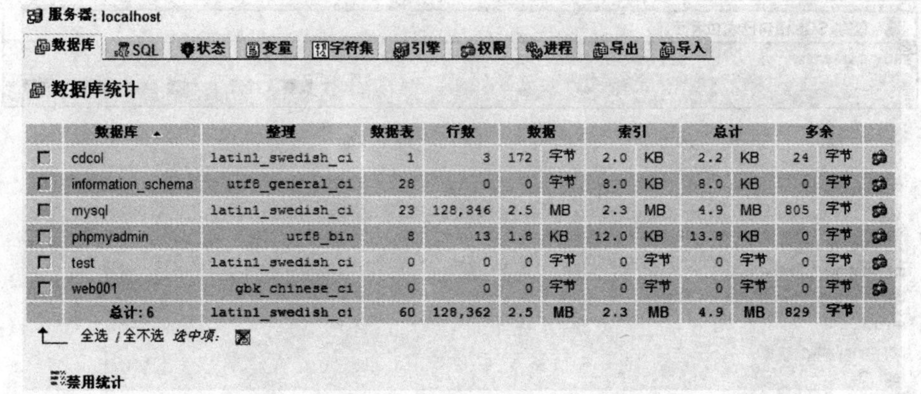

图 5-14　启用统计后的数据库字符集信息

从图 5-14 可以看出,刚才创建的 web001 数据库的字符集是 gbk_chinese_ci,同时还显示了数据库内数据表数量、行数、数据量、索引大小等等信息。

在 phpMyAdmin 的首页面,选择"SQL"按钮,即可运行 SQL 查询操作,如图 5-15 所示。

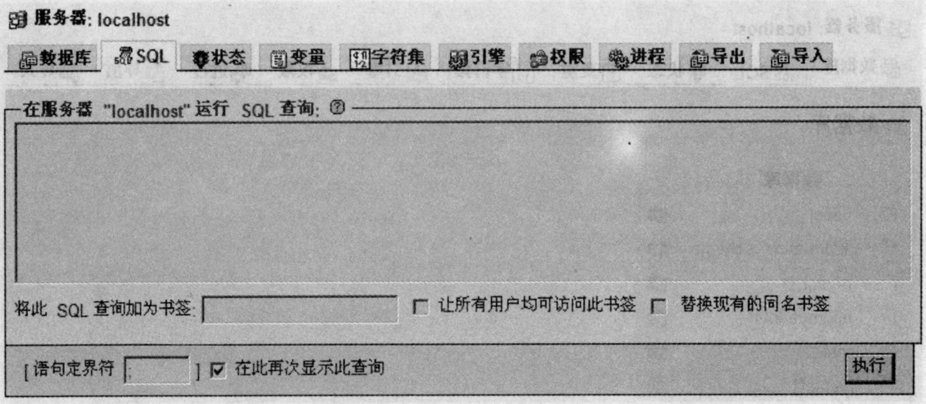

图 5-15 SQL 查询窗口

这里输入"show databases"查询数据库信息，输出如图 5-16 所示。

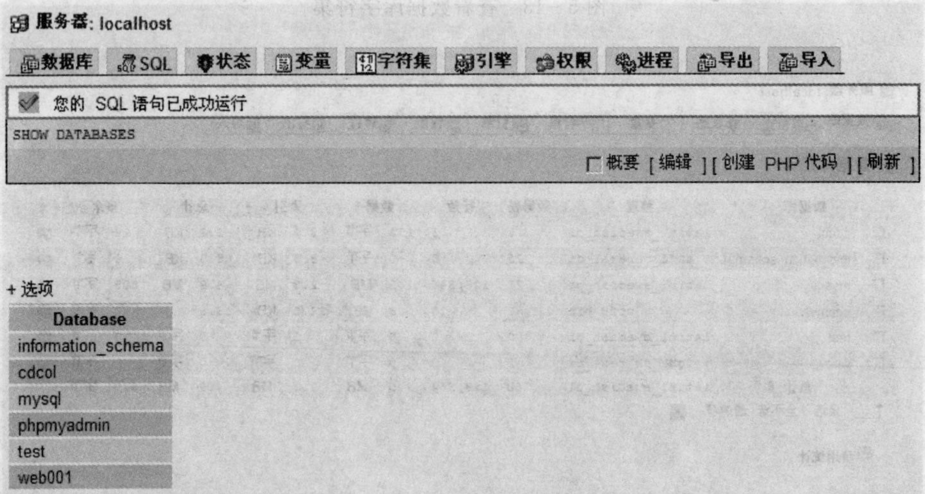

图 5-16 SQL 查询结果

继续选择上面的"状态"按钮，如图 5-17 所示，这里显示了数据库的运行信息，例如数据库的运行时间、发送和接收数据大小、最大并发数等信息。

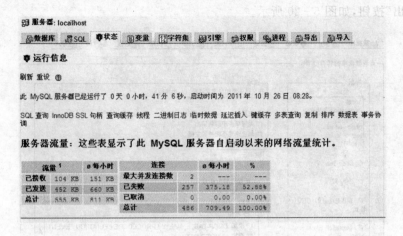

图5-17 MySQL运行状态

选择上面的"引擎"按钮,如图5-18所示。

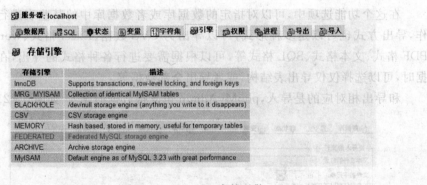

图5-18 MySQL存储引擎

这里显示了 MySQL 支持的几种存储引擎,常用的存储引擎有 InnoDB 和 MyISAM。继续选择选项中的"进程"按钮,如图5-19所示。

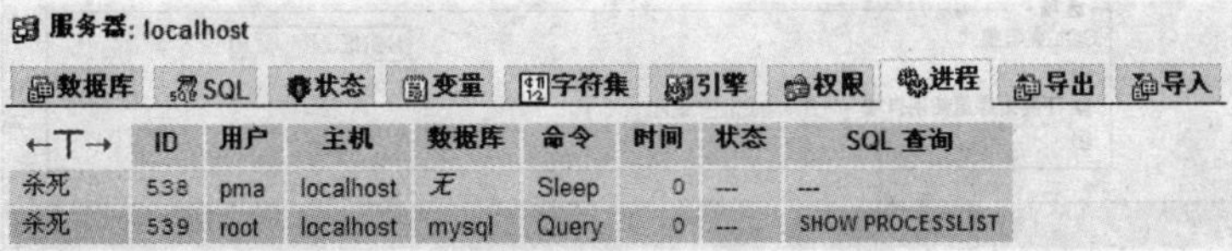

图5-19 MySQL进程管理

在这里可以对运行的 MySQL 进程进行关闭、启动等操作。继续选择选项中的"导出"按钮,如图 5-20 所示。

图 5-20　phpMyAdmin 数据导出功能

在这个功能选项中,可以对指定的数据库或者数据库中的某些表进行导出操作,导出方式也可以是多种形式,可以导出为 CVS 数据、Excel 格式、word 格式、PDF 格式、文本格式、SQL 格式等,可以根据需要进行各种格式的导出,在导出数据时,可以选择仅仅导出表结构,或者导出全部数据等。

和导出相对应的是导入,phpMyAdmin 也支持数据的导入,如图 5-21 所示。

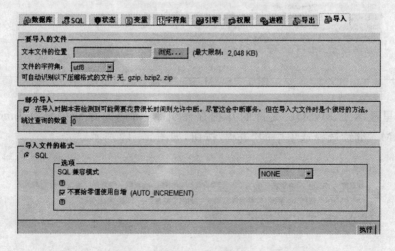

图 5-21　phpMyAdmin 数据导入功能

可以从本地上传数据文件导入到数据库,在导入时可以设置文件的字符集,并且导入过程可以自动识别压缩格式的文件,导入过程也支持部分导入,在导入大文件时,部分导入是个很不错的方法。

phpMyAdmin 具有很好的 MySQL 维护和管理功能,它功能非常强大,上面仅仅介绍了它的一些常用功能,关于 PhpMyAdmin 的使用,本书就介绍这么多。其他更多功能读者可以自行了解。

第 6 章　搭建 LAMP 环境

6.1　LAMP 概述

　　LAMP 是一个缩写，它指一组一起使用来运行动态网站或者服务器的开源软件，包括：Linux 操作系统、Apache 应用服务器、MySQL 数据库、Perl、PHP 或者 Python 编程语言。

　　虽然这些开放源代码程序本身并不是专门设计成同另外几个程序一起工作的，但由于它们都是影响较大的开源软件，拥有很多共同特点，因此这些组件经常在一起使用。在过去的几年里，这些组件的兼容性得到了不断的完善，在一起应用的情形变得更加普遍。并且为了改善不同组件之间的协作，已经创建了某些扩展功能。目前，几乎所有的 Linux 发布版中都默认包含了这些产品。Linux 操作系统、Apache 服务器、MySQL 数据库和 Perl、PHP 或者 Python 语言，这些产品共同组成了一个强大的 Web 应用程序平台。

　　随着开源技术的迅速发展，开放源代码的 LAMP 已经与 J2EE 和 .Net 商业软件形成三足鼎立之势，受到整个 IT 界的关注。越来越多的供应商、用户和企业投资者日益认识到，经过 LAMP 单个组件的开源软件组成的平台用来构建网络应用程序变为一种可能，变得更加具有竞争力，更加能吸引客户。LAMP 无论是安全性、稳定性还是价格成本都将成为企业、政府信息化所优先考虑的平台。

　　LAMP 平台通常由四个组件组成，呈分层结构。每一层都提供了整个软件的一个关键部分。

　　(1) Linux

　　Linux 处在最低层，提供操作系统。其他每个组件实际上也在 Linux 上运行。但是，并不一定局限于 Linux，如有必要，其他组件也可以在 Microsoft® Windows®、Mac OS X 或 UNIX® 上运行。

　　(2) Apache

　　次低层是 Apache，它是一个 Web 服务器。Apache 提供可让用户获得 Web 页面的机制。Apache 是一款稳定的、支持关键任务的服务器，Internet 上超过 85％ 的网站都使用它作为 Web 服务器。PHP 组件实际上是在 Apache 中，动态页面可以通过 Apache 和 PHP 创建。

(3) MySQL

MySQL 提供 LAMP 系统的数据存储端。有了 MySQL,便可以获得一个非常强大的、适合运行大型复杂站点的数据库。在 Web 应用程序中,所有数据、产品、帐户和其他类型的信息都存放在该数据库中,通过 SQL 语言可以很容易地查询这些信息。

(4) PHP

PHP 是一门简单而有效的编程语言,它像是粘合剂,可以将 LAMP 系统所有其他的组件粘合在一起。用户可以使用 PHP 编写能访问 MySQL 数据库中的数据和 Linux 提供的一些特性的动态内容。

Apache 和 MySQL 的安装,在前面章节已经介绍过,本章将主要讲述 LAMP 环境的搭建过程,首先要准备好需要的软件包,这里假定所有软件包存放在系统的 /root/software/ 目录下。

6.2 搭建 LAMP 环境所需软件包

LAMP 环境的搭建需要很多源码包,并且软件之间还有很多依赖关系,本章讲述中涉及到的源码安装包如表 6-1 所示。

表 6-1 搭建 LAMP 环境需要的软件包

软件包名称	软件包用途
httpd-2.2.6.tar.gz	Apache 源码包
mysql-5.0.45-linux-i686-glibc23.tar.gz	已经编译好的二进制 MySQL 压缩包,解压可用
php-5.2.5.tar.gz	PHP 核心源码包
libxml2-(version).tar.gz	安装 PHP 所需的软件包
libxslt-(version).tar.gz	安装 PHP 所需的软件包
curl-(version).tar.gz	安装 PHP 所需的软件包
gd-(version).tar.gz	安装 GD 库所需的软件包
freetype-(version).tar.gz	安装 GD 库所需的软件包
jpegsrc.v6b.tar.gz	安装 GD 库所需的软件包
libpng-(version).tar.gz	安装 GD 库所需的软件包
zlib-1.2.3.tar.gz	安装 GD 库所需的软件包

6.3 搭建 PHP 环境

搭建 PHP 环境,必须要安装 GD 库,因为 Linux 下默认没有安装 GD 库,那么 GD 库是干什么的呢?在大多数 BBS 或者站点注册帐号的时候,会看到一些防止恶意注册的图片,当用户注册的时候必须将图片里的验证码输入进去才能正常注册,而 GD 库就是用来支持这个功能的,在 Windows 下无需安装 GD 库也能支持图片验证码,那是因为 Windows 已经默认内置了 GD 库,而 Linux 没有,这就是我们首先要安装 GD 库的原因。

下面简单介绍 GD 库的结构和组成,GD 库由五个组件组成,这五个组件分别是:zlib、jpeg、libpng、freetype 和 libxml2,虽然去掉了 GIF 图片支持,不过开发者又做了个补丁,使 GD 库继续支持 GIF。下面依次介绍这些组件的安装。

6.3.1 安装 Apache

Apache 是目前最流行的 Web 服务器,从官方网站下载对应的版本进行安装即可,由于 Apache 的安装在前面章节已经进行过详细介绍,这里不再讲述。

6.3.2 安装 jpeg6 建立目录

jpeg6 跟验证码生成的 jpeg 图片有关,安装 jpeg6 非常简单,但是需要首先创建一些 jpeg6 的安装目录,具体安装过程如下:

```
# mkdir -p /usr/local/jpeg6
# mkdir -p /usr/local/jpeg6/bin
# mkdir -p /usr/local/jpeg6/lib
# mkdir -p /usr/local/jpeg6/include
# mkdir -p /usr/local/jpeg6/man
# mkdir -p /usr/local/jpeg6/man1
# mkdir -p /usr/local/jpeg6/man/man1
# cd /root/Software/
# tar -zvxf jpegsrc.v6b.tar.gz
# cd jpeg6-6b
# ./configure --prefix = /usr/local/jpeg6/ --enable-shared --enable-static
# make
# make install
```

6.3.3 libpng 包（支持 PNG）

libpng 跟验证码生成的 pnp 图片有关，安装 libpng 也很简单，安装过程如下：
```
# cd /root/Software/
# tar -zvxf libpng-(version).tar.gz
# cd libpng-(version)
# ./configure --prefix = /usr/local/libpng
# make
# make install
```

6.3.4 安装 freetype

freetype 的作用就是验证码生成图片上的字体。如果想让验证码图片上支持更多的字体，就需要安装 freetype，安装过程如下：
```
# cd /root/Software/
# tar -zvxf freetype-(version).tar.gz
# cd freetype-(version)
# mkdir -p /usr/local/freetype
# ./configure --prefix = /usr/local/freetype
# make
# make install
```

6.3.5 安装 zlib

zlib 和 Apache 的 gzip（压缩功能）有关，也就是说，想要完全使用 deflate 的功能（Apache 的一个模块功能），并启用 gzip，必须要 zlib 库的支持。安装过程如下：
```
# cd /root/Software/
# tar -zxvf zlib-1.2.3.tar.gz
# cd zlib.1.2.3
# mkdir /usr/local/zlib
# ./configure --prefix = /usr/local/zlib
# make
# make install
```

6.3.6 安装 GD 库

在上面的组件安装完成后，最好安装 GD 库，安装过程如下：

```
# cd /root/Software/
# tar -zvxf gd-(version).tar.gz
# mkdir -p /usr/local/gd2
# cd gd-(version)
# ./configure --prefix=/usr/local/gd2 --with-jpeg=/usr/local/jpeg6 \
>--with-zlib-dir=/usr/local/zlib \
>--with-png=/usr/local/libpng --with-freetype=/usr/local/freetype
# make clean
# make
# make install
```

6.3.7 安装 CURL 库

CURL 是一个功能强大的 PHP 库,使用 PHP 的 CURL 库可以简单和有效地抓取网页。用户只需要运行一个脚本,分析一下所抓取的网页,然后通过程序的方式就可以得到想要的数据,CURL 的安装过程如下:

```
# cd /root/Software/
# tar -zxf curl-(version).tar.gz
# mkdir -p /usr/local/curl
# ./configure --prefix=/usr/local/curl
# make
# make install
```

6.3.8 安装 php5

libxml2 是负责解析 XML 文件的,安装 php5 必须有 libxml2 支持,因此需要先安装 libxml2,安装过程如下。

1. 安装 libxml2

```
# cd /root/Software/
# tar -zvxf libxml2-(version).tar.gz
# cd libxml2-(version)
# mkdir -p /usr/local/libxml2
# ./configure --prefix=/usr/local/libxml2
# make
# make install
```

2. 安装 libxslt (可选安装)

```
# cd /root/Software/
# tar -zvxf libxslt-(version).tar.gz
# mkdir -p /usr/local/libxslt
# cd libxslt-(version)
# ./configure --prefix=/usr/local/libxslt --with-libxml-prefix=/usr/local/libxml2
# make
# make install
```

3. 安装 php5

在安装了所有库文件之后,开始进入 PHP 的安装过程。PHP 的安装其实非常简单,虽然它有很多安装选项,这些选项就是把刚才安装好的库文件加载进 PHP 中,以供 PHP 程序使用。安装过程如下:

```
# cd /root/Software/
# tar -zvxf php-(version).tar.gz
# mkdir -p /usr/local/php5
# cd php-(version)
# ./configure --prefix=/usr/local/php5 --with-apxs2=/cicro/cws3/as/apache2.0.49/bin/apxs \
>--with-gd=/usr/local/gd2 --with-jpeg-dir=/usr/local/jpeg6 \
>--with-zlib-dir=/usr/local/zlib \
>--with-png-dir=/usr/local/libpng \
>--with-freetype-dir=/usr/local/freetype -\
>--enable-trace-vars --with-mysql=/cicro/cws3/data/db/mysql \
>--enable-mbstring=all --with-curl=/usr/local/curl --enable-mbregex \
>--with-config-file-path=/usr/local/php5 --enable-ftp \
>--enable-soap --with-xsl=/usr/local/libxslt
# make
# make install
```

6.4 配置 PHP

紧接上面的安装步骤,在 PHP 编译安装完成后,需要从源码包中将 PHP 的

主配置文件拷贝到 PHP 的程序主目录,操作如下:

```
# cp php.ini-dist /usr/local/php5/php.ini
```

接着简单配置 PHP,例如使用内存最小值、上传文件大小等。

vi /usr/local/php5/php.ini

memory_limit = 128M (PHP 使用内存限制)

post_max_size = 16M （设定 POST 数据所允许的最大值。此设定也影响到文件上传)

upload_max_filesize = 4M (表示所上传文件的最大值)

6.5 安装与配置 MySQL

MySQL 是一个开放源码的关系型数据库管理系统,开发者为瑞典 MySQL AB 公司。目前 MySQL 被广泛地应用在 Internet 上的中小型网站中。由于其体积小、速度快、总体拥有成本低,尤其是开放源码这一特点,许多中小型网站选择了 MySQL 作为网站数据库。

MySQL 最常见的应用架构:单点(Single),适合小规模应用;复制(Replication),适合中小规模应用;集群(Cluster),适合大规模应用。根据功能不同,MySQL 可以分为 MySQL Stand 和 MySQL max 两个版本,MySQL-max 相对于 Stand 版本增加了对集群功能的支持。

MySQL 是开放源码的,所以 MySQL 在发布时有源代码和预编译二进制两种格式,直接下载源代码可以根据用户的具体需求进行手工编译安装,自定义 MySQL 的特性。如果没有特别的需求,建议下载官方的预编译二进制版,因为这些版本都是官方针对特定编译器进行优化、编译支持大多数常用的选项的版本。用户可以从 http://dev.mysql.com/downloads/mysql/5.0.html 下载 MySQL,它有多个版本,这里下载的是稳定版 MySQL-5.0.45,根据我们的系统和编译器类型,选择适合我们的二进制版本,在这里我们下载 Linux(x86, glibc-2.2, "standard"),这个版本包含了 MySQL 所需要的所有库文件,并且进行的是静态编译,所以非常大,但是运行速度会相对快一些。

预编译二进制的 MySQL 无需安装,直接解压即可使用。关于 MySQL 的配置在前面章节已经介绍过,因此这里不再讲述。

6.6 配置 Apache 支持 PHP

PHP 在安装完成后,会自动将 PHP 模块写入 Apache 的主配置文件 /usr/lo-

cal/apache2/conf/httpd.conf 中,写入的 PHP 模块信息如下:
　　LoadModule php5_module modules/libphp5.so
　　为了让 Apache 能认识那些以 PHP 结尾的文件,需要修改 Apache 主配置文件,找到 AddType 行,在下面添加如下内容:
　　AddType application/x-httpd-php .php
　　这样,Web 服务器就能认识那些以 .php 结尾的文件,否则当您浏览网站时,浏览器会提示您存盘。
　　为了让 Apache 能自动认识 index.php 作为首页,还必须修改 DirectoryIndex 行,添加 index.php,修改后的内容如下:
　　DirectoryIndex index.php index.htm index.html index.html.var
　　然后,重新启动 Apache:
　　/usr/local/apache2/bin/apachectl restart
　　至此,安装基本完成。

6.7 测试 LAMP 环境

1. 测试 PHP 环境

安装完成后,在 Apache 的 htdocs 目录下创建一个 phpinfo.php 的文件,内容如下:
<? php phpinfo(); ?>
然后通过浏览器访问这个 php 文件,结果如图 6-1 所示,表示 PHP 环境搭建成功。

2. 测试 PHP 与 MySQL 的连接

同样在 Apache 的 htdocs 目录下创建一个 testdb.php 文件,内容如下:
<? php
$link = MySQL_connect('localhost','root','yourpassword');
if(! $link) echo "fail";
else echo "success";
MySQL_close();
? >
然后通过浏览器访问该文件,如果输出 success,表明 PHP 与 MySQL 连接成功。

System	Linux cicro.com 2.6.18-92.el5PAE #1 SMP Tue Apr 29 13:31:02 EDT 2008 i686
Build Date	Jun 9 2011 19:06:50
Configure Command	'./configure' '--prefix=/usr/local/php' '--with-apxs2=/cicro/cws3/as/apache2.0.49/bin/apxs' '--with-gd=/usr/local/rrdtool' '--with-jpeg-dir=/usr/local/rrdtool' '--with-zlib-dir=/usr/local/rrdtool' '--with-png-dir=/usr/local/rrdtool' '--with-freetype-dir=/usr/local/rrdtool' '--enable-trace-vars' '--with-mysql=/cicro/cws3/data/db/mysql'
Server API	Apache 2.0 Handler
Virtual Directory Support	disabled
Configuration File (php.ini) Path	/usr/local/php/lib
Loaded Configuration File	(none)
PHP API	20041225
PHP Extension	20060613
Zend Extension	220060519
Debug Build	no
Thread Safety	disabled
Zend Memory Manager	enabled
IPv6 Support	enabled
Registered PHP Streams	php, file, data, http, ftp, compress.zlib
Registered Stream Socket Transports	tcp, udp, unix, udg

图 6-1　PHP 测试页面

第 7 章

HTML 基础知识

7.1 HTML 的基本概念

7.1.1 HTML 简介

HTML 的英文全称是 Hyper Text Markup Language，直译为超文本标记语言，它是全球广域网上描述网页内容和外观的标准。HTML 包含了一对打开和关闭的标记，在当中包含有属性和值。标记描述了每个在网页上的组件，例如文本段落、表格或图像。

事实上，HTML 是一种因特网上较常见的网页制作标注性语言，并不能算做一种程序语言，因为它缺少语言所应有的特征。HTML 通过 IE、firefox 等浏览器的翻译，将网页中所要呈现的内容、排版展现在用户眼前。

HTML 语言可以通过 IE、firefox 等多种浏览器进行翻译解析，所以我们编写的基本 HTML 代码可以运行在 Windows 或者 Linux 上，只要该系统中有相关浏览器即可。本章的例子以 IE 浏览器为展示平台。

7.1.2 HTML 的结构概念

一个完整的 HTML 文件包括标题、段落、列表、表格以及各种嵌入对象，这些对象统称为 HTML 元素，在 HTML 中使用标签来分割并描述这些元素。实际上可以说，HTML 文件就是由各种 HTML 元素和标签组成的。

一个 HTML 文件的基本结构如下：

<html>　　　　文件开始标记
<head>　　　　文件头开始的标记
……　　　　　　文件头的内容
</head>　　　 文件头结束的标记
<body>　　　　文件主体开始的标记
……　　　　　　文件主体的内容
</body>　　　 文件主体结束的标记
</html>　　　 文件结束标记

从上面的代码结构可以看出,在 HTML 文件中,所有的标记都是相对应的,开头标记为＜ ＞,结束标记为＜/ ＞,在这两个标记中间添加内容。

有了标记作为文件的主干后,HTML 文件中便可添加属性、数值、嵌套结构等各种类型的内容。

7.1.3　HTML 的标记

HTML 是超文本标记语言,其构成主要是通过各种标记来标示和排列各对象,通常由"＜"、"＞"符号以及其中所包容的标记元素组成。例如,＜head＞与＜/head＞就是一对标记,它被称为文件的头部标记,用来记录文档的相关信息。

在 HTML 中,所有的标记都是成对出现的,而结束标记总是在开始标记前增加一个"/"。标记与标记之间还可以嵌套,也可以放置各种属性。此外在源文件中,标记是不区分大小写的,因此在 HTML 源程序中,＜Head＞与＜HEAD＞的写法都是正确的,而且其含义是相同的。

HTML 定义了三种标记用于描述页面的整体结构。页面结构标记不影响页面的显示效果,它们是帮助 HTML 工具对 HTML 文件进行解释和过滤的。

＜html＞标记:HTML 文档的第 1 个标记,它通知客户端该文档是 HTML 文档,类似地,结束标记＜/html＞应该出现在 HTML 文档的尾部。

＜head＞标记:出现在文档的起始部分,标明文档的头部信息,一般包括标题和主题信息,其结束标记＜/head＞指明文档标题部分的结束之处。

＜body＞标记:用来指明文档的主体区域,该部分通常能够包容其他字符串,例如标题、段落、列表等,读者可以把 HTML 文档的主体区域简单地理解成标题以外的所有部分,其结束标记＜/body＞指明主体区域的结尾。

7.1.4　HTML 的发展历史

1969 年前后,托德·尼尔逊提出超文本的概念,IBM 公司的 Charkes Goklfard 等设计出了通用标记语言——GML。到 1978 年,美国国家标准局一工作组对 GML 进行了规范,推出了命名为 SGML 的通用标记语言。1980 年 ISO 正式确定 SGML 为描述各种电子文件结构及内容的国际通用标准。

1990 年,Tim Berners-Lee 将他设计的初级浏览和编辑系统在网上合二为一,创建了一种快速小型超文本语言来为他的想法服务。他设计了数十种乃至数百种未来使用的超文本格式,并想像智能客户代理通过服务器在网上进行轻松谈判并翻译文件。它同 Macintosh 的 Claris XTND 系统极为相似,不同的是它可以在任何平台和浏览器上运行。

最初的 HTML 语言以文本格式为基础,可以用任何编辑器和文字处理器来为网络创建或转换文本,仅有不多的几个标签。网络从此迅猛发展,许多人都开始在网上发布信息。很快人们就开始琢磨在网上放置图像和图标。

1993 年,NCSA 推出了 Mosaic,也就是第一个图文浏览器,从此 Web 开始迅速的发展起来。HTML 语言也不断产生新型、功能强大且生动有趣的标签形式,例如<background>、<frame>、<font>和<blink>等。

但是此时,出现了许多不同的 HTML 版本,而只有设计者和用户共有的 HTML 部分才可以正确显示。因此在这段时间,W3C 都在激烈争论名叫 HTML3 的新技术,该文件概括了所有全新的特性但没有任何技术支持。出于这种混乱局面的考虑,在 1996 年 W3C 的 HTML Working Group 组织编写了新的规范,从此 IITML3.2 开始发展,它更接近于现实的目标,即提供给内容商和浏览器发展商在研究工作中一个公允的参考标准。

到现在为止,HTML 已经发展到了比较成熟的 HTML4.0 版本,在这个版本下的语言中,规范更加统一,浏览器之间的兼容性也更加完好。

7.2 HTML 基本标记

7.2.1 头部标记——<head>

在 HTML 语言的头元素中,一般需要包括标题、基底信息、元信息等。HTML 的头元素是以<head>为开始标记,以</head>为结束标记的。一般情况下,CSS 和 JavaScript 都是定义在头元素中的,而定义在 HTML 语言头部的内容往往不会在网页上直接显示。它用于包含当前文档的相关信息,包括<title>、<base>、<basefont>、<isindex>、<meta>、<style>、<link>、<script>等。

下面介绍在 HTML 头部标记中的几种重要标记。

7.2.2 标题标记——<title>

HTML 页面的标题一般是用来说明页面用途的,它显示在浏览器的标题栏中。每个 HTML 页面都应该有标题,在 HTML 文档中,标题信息设置在页面的头部,也就是<head>与</head>之间。标题标记以<title>开始,以</title>结束。

语法:<title>…</title>

说明:在标记中间的"…"就是标题的内容,它可以帮助用户更好地识别页面。页面的标题有且只有一个。它位于 HTML 文档的头部,即<head>和</head>之间。

下面以实例说明标题标记的用法。
实例代码：
<html>
<head>
<title>页面的标题</title>
</head>
<body>
</body>
</html>

保存页面后在 IE 中打开，可以看到浏览器的标题栏中显示了刚才设置的标题"页面的标题"，效果如图 7-1 所示。

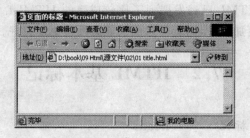

图 7-1　HTML 页面的标题

7.2.3　元信息标记——<meta>

meta 元素提供的信息是用户不可见的，它不显示在页面中，一般用来定义页面信息的名称、关键字、作者等。在 HTML 中，meta 标记不需要设置结束标记，在一个尖括号内就是一个 meta 内容，而在一个 HTML 头页面中可以有多个 meta 元素。meta 元素的属性有两种：name 和 http-equiv，其中 name 属性主要用于描述网页，以便于搜索引擎机器人查找、分类（目前几乎所有的搜索引擎都使用网上机器人自动查找 meta 值来给网页分类）。这其中最重要的是 description（站点在搜索引擎上的描述）和 keywords（关键词）。

7.2.4　基底网址标记——<base>

URL 路径是一种互联网地址的表示法，在这个数据里可以包括以何种协议连接、要链接到哪一个地址、连接地址的端口（Port）号以及服务器（Server）里页面的完整路径和页面名称等信息。在 HTML 中，URL 路径分为两种形式：绝对路经和相对路径。绝对路径是将服务器上磁盘驱动器名称和完整的路径写出来,同时也会表现出磁盘上的目录结构;相对路径是相对于当前的 HTML 文档所在目录或站点根目录的路径。

HTML 页面通过基底网址把当前 HTML 页面中所有的相对 URL 转换成绝对 URL。一般情况下,通过基底网址标记＜base＞设置 HTML 页面的绝对路径,那么在页面中的链接地址只需设置成相对地址即可,当浏览器浏览页面时候,会通过＜base＞标记将相对地址附在基底网址的后面,从而转化成绝对地址。

例如,在 HTML 页面的头部定义基底网址:

＜base href＝″http://www.test.com/sample″＞

在页面主体中设置的某一个相对地址,如

＜a href＝″../01/sample01.html″＞

当使用浏览器浏览的时候,这个链接地址就变成如下的绝对地址:

http://www.test.com/sample/01/sample01.html

因此,在 HTML 页面中设置基底标记的时候不应该多于一个,而且要将其放置在头部以及任何包含 URL 地址的语句之前。

语法:＜base href＝″链接地址″ target＝″新窗口的打开方式″＞

说明:在该语法中,链接地址就是要设置的页面的基底地址,而新窗口的打开方式可以设置为不同的效果,其属性值及含义见表 7-1。

表 7-1 链接窗口的打开方式

属性值	打开方式
_parent	在上一级窗口打开,一般常常用在分帧的框架页中
_blank	在新窗口打开
_self	在同一窗口打开,可以省略
_top	在浏览器的整个窗口打开,忽略任何的框架

下面以实例说明该标记的使用方法,实例代码如下。

＜html＞

＜head＞

＜base href =″http://www.test.com″ target =″_blank″＞

＜title＞学习元信息标记＜/title＞

＜/head＞

＜body＞

＜a href =″../15.html″＞打开一个相对地址＜/a＞

＜/body＞

</html>

运行该程序,当鼠标移动到链接文字上面的时候,可以看到在 IE 的状态栏显示出其完整的链接地址,它是由代码中设置的基底地址加上程序中的相对地址组成的,如图 7-2 所示。

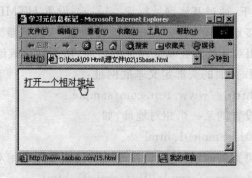

图 7-2 设置基底地址

7.2.5 页面的主体标记——\<body\>

网页的主体部分以\<body\>标记标志它的开始,以\</body\>标志它的结束。在网页的主体标记中有很多的属性设置,包括页面的背景设置、文字属性设置、链接设置、边距设置等。下面将逐步介绍这些网页主体标记的基本属性。

1. 设置页面背景色——bgcolor

设置整个页面的背景颜色的时候,需要用到 bgcolor 属性,它使用"#"加上 6 位的十六进制的值来表现颜色。其中#FFFFFF 为白色,#000000 为黑色,#FF0000 为红色,#00FF00 为绿色,#0000FF 为蓝色。

语法:\<body bgcolor="颜色代码"\>

说明:该语法中的 body 就是页面的主体标记,也就是说设置页面颜色要和页面的主体标记放置在一起。

下面的实例设置了页面的背景色为淡蓝色,其代码如下。

\<html\>
\<head\>
\<title\>设置页面背景色\</title\>
\</head\>
\<body bgcolor="#3399CC"\>
\</body\>

</html>

运行这段代码，可以看到打开的页面背景为淡蓝色，颜色的值为♯3399CC，效果如图7－3所示。

图7－3 设置页面的背景颜色

2. 设置背景图片——background

在网络上除了看到各种背景色的页面之外，还看到一些以图片作为背景的网页。使用恰当的图片作为背景能够使页面看上去更加生动美观。而使用图片作为背景则需要使用到background属性，还可以设置背景图片的平铺方式、显示方式等。

语法：<body background="文件链接地址" bgproperties="背景图片固定属性">

说明：文件的链接地址可以是相对地址，即本机上图片文件的存储位置，也可以设置为网上的图片资料，如：http://dvd.e0413.com/UPLOAD/IMGWSF/2005491443501.jpg。在默认情况下，用户可以省略bgproperties属性，这时图片会按照水平和垂直的方向不断重复出现，直到铺满整个页面。如果将bgproperties属性设置为"fixed"，那么当滚动页面的时候，背景图像也会跟着移动，那么相对浏览者来说，就是总停留在相同的位置上。

下面以实例说明背景图片的设置与显示效果。

（1）设置一个图片文件作为网页的背景，默认情况下不设置bgproperties属性，此时图片将在水平和垂直方向平铺图像，代码如下。

<html>
<head>
<title>背景图片</title>

```
</head>
<body background = "17/01.jpg">
</body>
</html>
```

运行这段代码,可以看到如图 7-4 所示的效果。图像在水平和垂直方向进行平铺。

图 7-4 平铺图像作为背景

(2)如果希望图片不重复显示,一般情况下需要借助 CSS 样式进行,这里简单介绍一下,在后面的章节中还将详细讲解 CSS 样式表的使用方法。

对于网页背景的样式设置,一般在头部标记中添加 style 标记,代码如下:

```
<html>
<head>
<title>背景图片</title>
<style type = "text/css">
body {background-repeat:no-repeat}
</style>
</head>
<body background = "17/01.jpg">
</body>
</html>
```

在这段代码中,background-repeat 的值设置为 no-repeat,也就是不重复,运行效果如图 7-5 所示。如果在这段代码中,将 background-repeat 的值设置为

repeat-x,则背景图片只在水平方向平铺,效果如图7-6所示。相反如果设置为 repeat-y,则只在垂直方向平铺。

图7-5 背景图像单独显示　　　　　图7-6 背景图像水平平铺效果

(3)除了设置背景是否重复之外,在网页中还可以设置背景图片是否变化。而这一属性则是通过 bgproperties 参数来设定的,将 bgproperties 的值设置为 fixed,那么背景图片会固定在页面上静止不动。

3. 设置文字颜色——text

在页面中除了背景之外,对于默认文字的颜色设置可以通过 text 参数来实现。在没有对文字的颜色进行单独定义的时候,这一属性可以对页面中所有的文字起作用。

语法:＜body text＝″颜色代码″＞

说明:在该语法中,text 的属性值与设置页面背景色相同,也就是说该属性设置和页面的主体标记放置在一起。

实例代码:

＜html＞
＜head＞
＜title＞设置页面文字颜色＜/title＞
＜/head＞
＜body bgcolor =″#99CCCC″ text =″#FF0000″＞
设置页面的文字颜色
＜/body＞
＜/html＞

运行这段代码,实现的效果如图7-7所示。

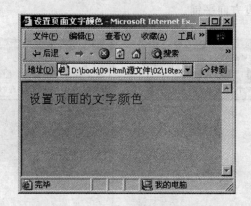

图7-7 设置页面文字颜色

4.设置链接文字属性——link

在网页创作中,除了文字、图片等,超链接也是最为常用的一种元素。而超链接中以文字链接最多。在默认情况下,浏览器以蓝色作为超链接文字的颜色;而访问过的文字则变为暗红色。用户在创作网页的时候,可以通过link参数修改链接文字的颜色。

语法:＜body link＝"颜色代码"＞

说明:这一属性的设置与前面几个设置颜色的参数类似,都是与body标签放置在一起,表明它对网页中所有未单独设置的元素起作用。

(1)下面通过实例设置未访问的链接文字的颜色,代码如下:

```
<html>
<head>
<title>页面的链接文字</title>
</head>
<body text="#000000" link="#FF00FF">
    <center>
        设置文字的链接效果
        <br><br>
        <a href="http://www.yahoo.com">链接文字</a>
    <br><br>
    </center>
</body>
```

</html>

运行这段代码,可以看到链接文字的颜色已经不是默认的蓝色,而是网页中设置的紫色,如图 7-8 所示。

(2)在这段代码的基础上,添加正在访问的文字颜色设置。这一属性需要用到 alink 参数,添加后的代码如下:

```
<html>
<head>
<title>页面的链接文字</title>
</head>
<body text="#000000" link="#FF00FF" alink="FF0000">
    <center>
        设置文字的链接效果
        <br><br>
        <a href="http://www.yahoo.com">链接文字</a>
        <br><br>
        <a href="http://www.taobao.com">正在访问的链接</a>
    </center>
</body>
</html>
```

运行这段代码之后,单击链接文字"正在访问的链接",会发现按下鼠标的时候,文字颜色变成了红色,如图 7-9 所示。

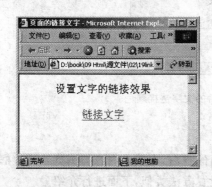

图 7-8 设置链接文字的颜色   图 7-9 设置正在访问的文字颜色

(3)在这段代码的基础上修改一部分代码,使用 vlink 参数设置访问后的文字链接颜色,完成的代码如下:

```
<html>
<head>
<title>页面的链接文字</title>
</head>
<body text="#000000" link="#FF00FF" alink="FF0000" vlink="996600">
    <center>
        设置文字的链接效果
        <br><br>
        <a href="http://www.yahoo.com">链接文字</a>
        <br><br>
        <a href="http://www.huachu.com">已经访问过的链接</a>
    </center>
</body>
</html>
```

运行这段代码,会看到访问过的链接文字颜色变成了棕褐色,如图7-10所示。

图7-10 设置访问后的文字链接颜色

5. 设置边距——margin

在网页的制作过程中,还可以定义页面的空白,也就是内容与浏览器的边框之间的距离。其中包括上边框和左边框,其设置方法类似,下面进行介绍。

语法:<body topmargin=上边距的值 leftmagin=左边距的值>

说明:在默认情况下,边距的值是以像素为单位的,下面以实例说明设置边距的效果。

实例代码：
```
<html>
<head>
<title>设置边距</title>
</head>
<body topmargin=60 leftmargin=40>
    设置页面的上边距为60像素
    <br>
    设置页面的左边距为40像素
</body>
</html>
```

运行这段代码，可以看到设置边距前后的对比效果，设置边距前的效果如图7-11所示，设置自定义的边距效果如图7-12所示。

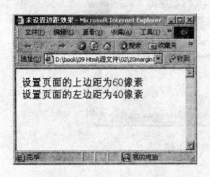
图7-11 默认的页面效果

图7-12 设置边距的效果

6. 页面注释标记——<!-->

在网页中，除了以上这些基本元素外，还包含一种不显示在页面中的元素，那就是代码的注释文字。而适当的注释可以帮助用户更好地了解网页中的各个模块的划分，也有助于以后对代码的检查与维护，是一种很好的编程习惯。

语法：<!--注释的文字-->

说明：注释文字的标记很简单，只需要在语法中"注释的文字"的位置上添加需要的内容即可。

实例代码：
```
<html>
<head>
```

```
<title>设置代码的注释</title>
</head>
<body>
<!--居中显示-->
    <center>
        注释语句是用来帮助用户理解代码、维护代码的。<br>
        <!--超级链接-->
        <a href="http://www.microsoft.com">文字</a>
    </center>
</body>
</html>
```

在这段代码中,"居中显示"和"超级链接"这几个字就是对代码的注释,而代码所在行就是网页的注释语句,并不显示在浏览器中,效果如图 7-13 所示。

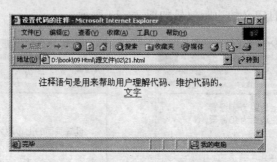

图 7-13 页面注释

7.3 段落与文字

7.3.1 标题文字的建立

在浏览网页的时候,常常看到一些标题文字,用于对文本中的章节进行划分,它们以固定的字号显示。HTML 文档中的标题文字分别用来指明页面上的 1 到 6 级标题。

1. 标题文字标记

标题文字共包含 6 种标记,分别表示 6 个级别的标题,每一级别的字体大小都有明显的区别,从 1 级到 6 级依次减小。

语法：
1 级标题：<h1>…</h1>
2 级标题：<h2>…</h2>
依次下去，到 6 级标题。
说明：在该语法中，1 级标题使用最大的字号表示，6 级标题使用最小的字号。
实例代码：
<!--这是关于标题文字的实例-->
<html>
<head>
<title>标题文字的效果</title>
</head>
<body>
    <h1>1 级标题的效果</h1>
    <h2>2 级标题的效果</h2>
    <h3>3 级标题的效果</h3>
    <h4>4 级标题的效果</h4>
    <h5>5 级标题的效果</h5>
    <h6>6 级标题的效果</h6>
</body>
</html>
运行这段代码可以看到网页中 6 种不同大小的标题文字，如图 7-14 所示。

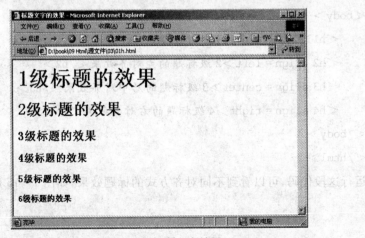

图 7-14 标题文字效果

2. 标题文字的对齐方式——align

默认情况下,标题文字是左对齐的,而在网页制作的过程中,可以实现标题文字的编排设置。对于文字标题的属性设置中,最常用的就是关于对齐方式的设置,这需要使用 align 参数进行设置。

语法:align=对齐方式

说明:在该语法中,align 属性需要设置在标题标记的后面,对齐方式的取值见表 7-2。

表 7-2 标题文字的对齐方式

属性值	含义
left	左对齐
center	居中对齐
right	右对齐

实例代码:

```
<!--设置标题文字的不同对齐方式-->
<html>
<head>
<title>标题文字的对齐效果</title>
</head>
<body>
    <h1>1 级标题的默认对齐效果</h1>
    <h2 align=left>2 级标题的左对齐效果</h2>
    <h3 align=center>3 级标题的居中对齐效果</h3>
    <h4 align=right>4 级标题的右对齐效果</h4>
</body>
</html>
```

运行这段代码,可以看到不同对齐方式的标题效果,如图 7-15 所示。

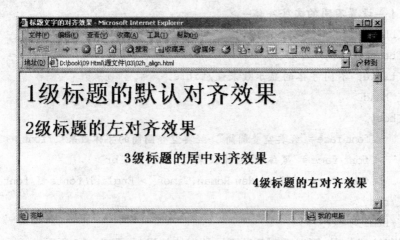

图 7-15 标题文字的对齐效果

7.3.2 文字格式标记

除了标题文字外,在网页中普通的文字信息更是不可缺少的。而多种多样的文字效果可以使网页变得更加绚丽。

在网页的编辑中,可以直接在文字的主体部分输入文字,而这些文字会显示在页面中。可以说,这是 HTML 语言编辑中最简单的事情,只需要在＜body＞标记和＜/body＞标记之间输入相应的文字即可。而重要的是如何设置不同的文字效果,这些属性的设置都位于文字格式标记＜font＞中,下面以设置字体为例进行介绍。

设置文字字体——face

在 HTML 语言中,可以通过 face 属性设置文字的不同字体效果,而设置的字体效果必须在浏览器安装了相应的字体后才可以正确浏览,否则这些特殊字体会被浏览器中的普通字体所代替。因此,在网页中尽量减少使用过多的特殊字体,以免在用户浏览的时候无法看到正确的效果。由于浏览器默认情况下都包含了宋体、黑体等几种基本字体,因此网页创作者应该注意在设计网页的时候,多利用这几种字体。

语法:＜font face="字体 1,字体 2"＞应用字体的文字＜/font＞

说明:在该语法中,face 属性的值可以是 1 个或者多个,默认情况下,使用第 1 种字体进行显示,如果第 1 种字体不存在,则使用第 2 种字体进行代替,依此类推。如果设置的几种字体在浏览器中都不存在,则会以默认字体显示。

实例代码:

```
<!--设置不同的文字字体-->
<html>
<head>
<title>不同字体的显示效果</title>
</head>
<body>
    <font face="经典空叠圆筒">经典空叠圆筒的字体效果</font><br>
    <font face="黑体">黑体效果</font><br>
    <font face="Times New Roman,Times"> English fonts</font>
</body>
</html>
```

运行这段代码,可以看到几种不同的字体效果,如图7-16所示。

图7-16 设置不同的文字字体

同样还可以设置字号(size)、设置文字颜色(color)、粗体、斜体、下划线(strong、em、u)、上标与下标(sup、sub)、设置删除线(strike)、等宽文字标记(code)、空格( )、其他特殊符号等。

7.3.3 段落标记

在网页中如果要把文字有条理地显示,离不开段落标记的使用。段落就是在文本编辑窗口中,输入完一段文字后,按下回车键后就生成了一个段落。在HTML中可以通过标记实现段落的效果,下面具体介绍和段落相关的一些标记。

在HTML语言中,段落通过<p>标记来表示。

语法:<p>段落文字</p>

说明:与其他标记不同的是,段落标记可以没有结束标记</p>,而每一个新的段落标记开始的同时也就意味着上一个段落的结束。

实例代码：
<html>
<head>
<title>输入段落文字</title>
</head>
<body>
<p>小镇上七千多人依水而居,镇上的主要街道有9条。
<p>临河筑的民房、黑瓦白墙,屋脊起翘,麟次栉比,古色古香,具有"人家尽忱河,水巷小桥多"的特色。</p>
<p>又似一幅古雅、秀丽的水乡风情画。</p>
</body>
</html>

运行这段代码,可以看到两种方法的段落标记都可以成功地将文字分段,效果如图7-17所示。

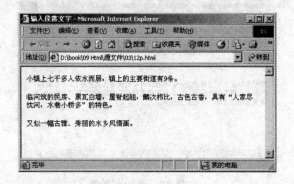

图7-17 段落效果

同样可以设置：取消文字换行标记(nobr)、换行标记(br)、保留原始排版方式标记(pre)、居中对齐标记(center)、向右缩进标记(blockquote)等。

7.3.4 水平线标记

在网页中常常看到一些水平线将段落与段落之间隔开,这些水平线可以通过插入图片实现,也可以更简单地通过添加水平线标记hr来完成。
语法：<hr>
说明：在网页中输入一个<hr>标记,就添加了一条默认样式的水平线。
实例代码：

```
<html>
<head>
<title>添加水平线</title>
</head>
<body>
    <center><h4>泰安:华夏文明发祥地之一</h4></center>
    <hr>
    <p>泰安是华夏文明发祥地之一。早在50万年前就有人类生存,5万年前的新泰人已跨入智人阶段;5000年前这里孕育了灿烂的大文口文化,成为华夏文明史上的一个重要里程碑。</p>
</body>
</html>
```

运行代码,可以看到在网页中出现了一条水平线,如图7-18所示。

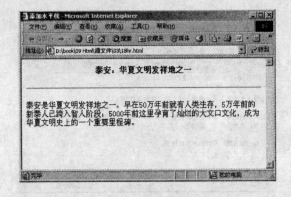

图7-18 添加水平线

此外还可以设置水平线宽度与高度属性(width、height)、水平线的颜色(color)、水平线的对齐方式(align)、去掉水平线阴影(noshade)等。

7.3.5 其他标记

其他标记如文字标注标记(ruby)、声明变量标记(var)、忽视 HTML 标签标记(plaintext、xmp)等,这里不进行讲述。

7.4 列　表

列表(List)是一种非常实用的数据排列方式,它以条列式的模式来显示数据,使读者能够一目了然。在 HTML 中有三种列表，分别是：无序列表（Unordered Lists）、有序列表（Ordered Lists）和定义列表（Definition Lists）。

7.4.1 无序列表标记——ul

无序列表的特征在于提供一种不编号的列表方式，而在每一个项目文字之前，以符号作为分项标识。

语法：

```
<ul>
    <LI>第 1 项
    <LI>第 2 项
    <LI>第 3 项
    ……
</ul>
```

说明：在该语法中，使用<ul></ul>标记表示一个无序列表的开始和结束，而<LI>则表示这是一个列表项的开始。在一个无序列表中可以包含多个列表项。

实例代码：

```
<html>
<head>
<title>创建无序列表</title>
</head>
<body>
    <font size = 5 color = "#990000">提供下载的软件类别：</font><br><br>
    <ul>
        <LI>系统程序
        <LI>媒体工具
        <LI>管理软件
        <LI>游戏娱乐
    </ul>
</body>
</html>
```

运行这段代码，看到窗口中建立了一个无序列表，这个列表共包含了 4 个列表项，如图 7-19 所示。

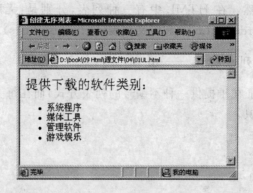

图 7-19 创建无序列表

类似可以设置无序列表的符号类型(type)。

7.4.2 有序列表标记——ol

有序列表中,各个列表项使用编号而不是符号来进行排列。列表中的项目通常都有先后顺序性,一般采用数字或者字母作为顺序号。

语法:

```
<ol>
    <LI>第 1 项
    <LI>第 2 项
    <LI>第 3 项
    ……
</ol>
```

说明:在该语法中,<ol>和</ol>标记标志着有序列表的开始和结束,而<LI>标记表示这是一个列表项的开始,默认情况下,采用数字序号进行排列。

实例代码:

```
<html>
<head>
<title>创建有序列表</title>
</head>
<body>
    <font size = 5 color = "#990000">创建 HTML 文件的步骤:</font><br><br>
    <ol>
```

         <LI>启动编写 HTML 文件的软件,如 Dreamweaver
         <LI>编写文件代码
         <LI>保存文件
         <LI>运行文件并查看效果
      </ol>
  </body>
</html>
运行这段代码,可以看到序列前面包含了顺序号,如图 7-20 所示。

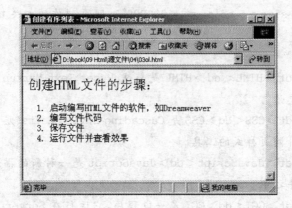

图 7-20 有序列表

也可以设置有序列表的序号类型(type)、有序列表的起始数值(start)。

7.4.3 定义列表标记——dl

在 HTML 中还有一种列表标记,称为定义列表(Definition Lists)。不同于前两种列表,它主要用于解释名词,包含两个层次的列表,第一层次是需要解释的名词,第二层次是具体的解释。

语法:
```
<dl>
    <dt>名词 1<dd>解释 1
    <dt>名词 2<dd>解释 2
    <dt>名词 3<dd>解释 3
    ……
</dl>
```

说明:在该语法中,<dl>标记和</dl>标记分别定义了定义列表的开始和结束，<dt>后面就是要解释的名称，而在<dd>后面就添加该名词的具体解释。作为解释的内容在显示的时候会自动缩进，有些像字典中的词语解释。

实例代码：

```
<html>
<head>
<title>创建定义列表</title>
</head>
<body>
    <font size = 5 color = "#000099">网页创作的相关知识：</font><br><br>
    <dl>
        <dt>HTML<dd>HTML是英文Hyper Text Markup Language的缩写，即超文本标志语言
        <dt>CSS<dd>CSS是Cascading Style Sheets(层叠样式表单)的简称，是一种设计网页样式的工具
        <dt>JavaScript<dd>JavaScript是一种新的描述语言，可以被嵌入HTML的文件之中
        <dt>CGI<dd>CGI是一段程序，它运行在Server上，提供同客户端HTML页面的接口
    </dl>
</body>
</html>
```

运行这段代码，可以实现如图7-21所示的定义列表效果。

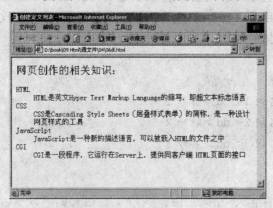

图7-21 定义列表

7.4.4 菜单列表标记——menu

菜单列表主要用于设计单列的菜单列表。菜单列表在浏览器中的显示效果和无序列表是相同的,因此它的功能也可以通过无序列表来实现。

语法:

```
<menu>
    <LI>列表项1
    <LI>列表项2
    <LI>列表项3
     ……
</menu>
```

说明:在该语法中,\<menu\>和\</menu\>标志着菜单列表的开始和结束。

实例代码:

```
<html>
<head>
<title>创建菜单列表</title>
</head>
<body>
    <font size = 5 color = "#000066">本章中介绍的列表主要包括:</font><br><br>
<menu>
        <LI>无序列表
        <LI>有序列表
        <LI>定义列表
        <LI>菜单列表
        <LI>目录列表
    </menu>
</body>
</html>
```

运行这段代码的效果如图7-22所示。

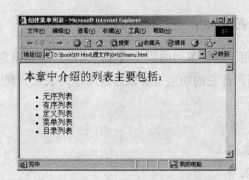

图 7-22 菜单列表的效果

7.4.5 目录列表——dir

目录列表一般用来创建多列的目录列表,它在浏览器中的显示效果与无序列表相同,因此它的功能也可以通过无序列表来实现。

语法:
<dir>
    <LI>列表项 1
    <LI>列表项 2
    <LI>列表项 3
    ……
</dir>

说明:在该语法中,<dir>和<dir>标志着目录列表的开始和结束。

实例代码:
<html>
<head>
<title>创建目录列表</title>
</head>
<body>
    <font size = 5 color = "＃000066">禅</font>

    <dir>
        <LI>诸恶不作,众善奉行
        <LI>人间万事塞翁马
        <LI>一切众生希有佛性
        <LI>面面佛面行行佛行

```
    </dir>
  </body>
</html>
```

运行这段代码的效果如图7-23所示。

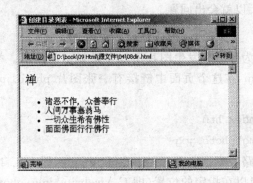

图7-23 目录列表的效果

7.5 超链接

所谓超链接就是当点击某个字或某个图片时,就可以打开另外一个画面。它的作用对网页来说相当重要,如果没有它,每打开一个页面时就要在地址栏内输一次地址。

7.5.1 超链接基本知识

1. 超链接

对于初次接触网页设计的读者来说,可能对于超链接的概念还不是很明白。超链接就是从一个网页转到另一个网页的途径。

超链接是网页的重要组成部分。如果说文字、图片是网站的躯体,那么超链接就是整个网站的神经细胞。它把整个网站的信息有机地结合到一起。链接能使浏览者从一个页面跳转到另一个页面,实现文档互联、网站互联。

超文本链接(hypertextlink)通常简称为超链接(hyperlink),或者简称为链接(link)。链接是HTML的一个最强大和最有价值的功能。链接是指文档中的文字或者图像与另一个文档、文档的一部分或者一幅图像链接在一起。

2. 绝对路径

绝对路径就是主页上的文件或目录在硬盘上真正的路径。使用绝对路径定位链接目标文件比较清晰,但是有两个缺点:一是需要输入更多的内容,二是如果该文件被移动了,就需要重新设置所有的相关链接。例如在本地测试网页的时候链接全部可用,但是到了网上就不可用了。这就是路径设置的问题。例如设置路径为"C:\Program files\1.htm",在本地确实可以找到,但是到了网站上该文件不一定在这个路径下,所以就会出问题。

3. 相对路径

首先分析一下为什么会发生图片不能正常显示的情况。举一个例子,现在有一个页面 index.htm,在这个页面中链接有一张图片 photo.jpg,它们的绝对路径如下:

C:\website\index.htm

C:\website\img\photo.jpg

如果使用绝对路径 C:\website\img\photo.jpg,那么在自己的计算机上将一切正常,因为确实可以在指定的位置(即 C:\website\img\photo.jpg)上找到 photo.jpg 文件,但是当将页面上传到网站的时候就很可能会出错了,因为网站可能在服务器的 C 盘,可能在 D 盘,也可能在 aa 目录下,更可能在 bb 目录下,也就是说很有可能不存在 C:\website\img\photo.jpg 这样一个路径。此时就要用到相对路径,所谓相对路径,顾名思义就是自己相对于目标位置。在上例中 index.htm 中链接的 photo.jpg 可以使用 img\photo.jpg 来定位文件,那么不论将这些文件放到哪里,只要他们的相对关系没有变,就不会出错。

在编程中使用"..\"来表示上一级目录,"..\..\"表示上上级的目录,以此类推。再看几个例子,注意所有例子中都是 index.htm 文件中链接有一张图片 photo.jpg。

C:\website\web\index.htm

C:\website\img\photo.jpg

在此例中 index.htm 中链接的 photo.jpg 应该怎样表示呢?

错误写法:img\photo.jpg,这种写法是不正确的,在此例中,对于 index.htm 文件来说 img\photo.jpg 所代表的绝对路径是 C:\website\web\img\photo.jpg,显然不符合要求。

正确写法:使用..\img\photo.jpg 的相对路径来定位文件。

总结一下,对于相对路径来说,一般有如下 3 种写法:

①同一目录下的文件:只需要输入链接文件的名称即可,如:01.html。

②上一级目录中的文件,在目录名和文件名之前加入"../",如:../04/02.html;如果是上两级,则需要加入两个"../",如:../../file/01.html。

③下一级目录:输入目录名和文件名,之间以"/"隔开,如:Html/05/01.html。

除了绝对路径和相对路径之外，还有一种称为根目录。根目录常常在大规模站点需要放置在几个服务器上，或者一个服务器上同时放置多个站点的时候使用。其书写形式很简单，只需要以"/"开始，表示根目录，之后是文件所在的目录名和文件名。

7.5.2 超链接的建立

超级链接的语法根据其链接对象的不同而有所变化，但都是基于＜A＞标记的。

基本语法：

＜A href ="文件名"＞链接元素＜/A＞

或

＜A href ="URL"＞链接元素＜/A＞

说明：在该语法中，链接元素可以是文字，也可以是图片或其他页面元素。其中 href 是 hypertext reference 的缩写。通过超级链接的方式可以使各个网页之间连接起来，使网站中众多的页面构成一个有机整体，使访问者能够在各个页面之间跳转。超级链接可以是一段文本，一幅图像或其他网页元素，当在浏览器中用鼠标单击这些对象时，浏览器可以根据指示载入一个新的页面或者转到页面的其他位置。

第8章 层叠样式表CSS

8.1 CSS概述

CSS即层叠样式表,是一种设计网页样式的技术。在制作页面时采用CSS技术,可以有效地对页面的布局、字体、颜色、背景和其他效果实现更加精确的控制。

1. 样式解决了一个普遍的问题

HTML标签原本被设计为用于定义文档内容。通过使用 <h1>、<p>、<table>这样的标签,HTML的初衷是表达"这是标题"、"这是段落"、"这是表格"之类的信息。同时文档布局由浏览器来完成,而不使用任何格式化标签。

由于两种主要的浏览器(Netscape 和 Internet Explorer)不断地将新的HTML标签和属性(比如字体标签和颜色属性)添加到HTML规范中,创建文档内容清晰的独立于文档表现层的站点变得越来越困难。为了解决这个问题,万维网联盟(W3C),这个非营利的标准化联盟,肩负起了HTML标准化的使命,并在HTML4.0之外创造出样式(Style)。

所有的主流浏览器均支持层叠样式表。

2. 样式表极大地提高了工作效率

样式表定义如何显示HTML元素,就像HTML3.2的字体标签和颜色属性所起的作用一样。样式通常保存在外部的.css文件中。通过仅仅编辑一个简单的CSS文档,外部样式表就能同时改变站点中所有页面的布局和外观。

由于允许同时控制多重页面的样式和布局,CSS可以称得上Web设计领域的一个突破。作为网站开发者,你能够为每个HTML元素定义样式,并将之应用于所希望的任意多的页面中。如需进行全局的更新,只需简单地改变样式,然后网站中的所有元素均会自动地更新。

3. 多重样式将层叠为一个

样式表允许以多种方式规定样式信息。样式可以规定在单个的HTML元素中,在HTML页的头元素中,或在一个外部的CSS文件中,甚至可以在同一个HTML文档内部引用多个外部样式表。

4. 层叠次序

当同一个 HTML 元素被不止一个样式定义时,会使用哪个样式呢?

一般而言,所有的样式会根据下面的规则层叠于一个新的虚拟样式表中,其中内联样式拥有最高的优先权。

浏览器缺省设置
外部样式表
内部样式表(位于 <head> 标签内部)
内联样式(在 HTML 元素内部)

因此,内联样式(在 HTML 元素内部)拥有最高的优先权,这意味着它将优先于以下的样式声明:<head> 标签中的样式声明,外部样式表中的样式声明,或者浏览器中的样式声明(缺省值)。

8.2 CSS 基本语法

CSS 规则由两个主要的部分构成:选择器,一条或多条声明。

selector {declaration1; declaration2; ... declarationN }

选择器通常是需要改变样式的 HTML 元素。

每条声明由一个属性和一个值组成。

属性(property)是希望设置的样式属性(style attribute),每个属性有一个值。属性和值被冒号分开。

selector {property: value}

下面这行代码的作用是将 h1 元素内的文字颜色定义为红色,同时将字体大小设置为 14 像素。

h1 {color:red; font-size:14px;}

在这个例子中,h1 是选择器,color 和 font-size 是属性,blue 和 14px 是值。

图 8-1 展示了上面这段代码的结构:

图 8-1 CSS 基本语法

1. 值的不同写法和单位

除了英文单词 red,还可以使用十六进制的颜色值 #ff0000:

p { color: #ff0000; }

为了节约字节,可以使用 CSS 的缩写形式:

p { color: #f00; }

还可以通过两种方法使用 RGB 值:

p { color: rgb(255,0,0); }

p { color: rgb(100%,0%,0%); }

请注意,当使用 RGB 百分比时,即使当值为 0 时也要写百分比符号。但是在其他的情况下就不需要。比如,当尺寸为 0 像素时,0 之后不需要使用 px 单位。

2. 引号

提示:如果值为若干单词,则要给值加引号。

p {font-family: "sans serif";}

3. 多重声明

提示:如果要定义不止一个声明,则需要用分号将每个声明分开。下面的例子展示出如何定义一个红色文字的居中段落。最后一条规则不需要加分号,因为分号在英语中是一个分隔符号,不是结束符号。然而,大多数有经验的设计师会在每条声明的末尾都加上分号,这样做的好处是,当从现有的规则中增减声明时,会尽可能减少出错的可能性。

p {text-align:center; color:red;}

每行只描述一个属性,这样可以增强样式定义的可读性。

```
p {
  text-align: center;
  color: black;
  font-family: arial;
}
```

4. 空格和大小写

大多数样式表包含不止一条规则,而大多数规则包含不止一个声明。多重声明和空格的使用使得样式表更容易被编辑。

```
body {
  color: #000;
  background: #fff;
  margin: 0;
```

```
padding: 0;
font-family: Georgia, Palatino, serif;
}
```

是否包含空格不会影响 CSS 在浏览器的工作效果。同样,与 XHTML 不同,CSS 对大小写不敏感。不过存在一个例外:如果涉及到与 HTML 文档一起工作,class 和 id 名称对大小写是敏感的。

8.3 CSS 高级语法

1. 选择器的分组

对选择器进行分组,这样,被分组的选择器就可以分享相同的声明。用逗号将需要分组的选择器分开。在下面的例子中,我们对所有的标题元素进行了分组。所有的标题元素都是绿色的。

```
h1,h2,h3,h4,h5,h6 {
    color: green;
}
```

2. 继承及其问题

根据 CSS,子元素从父元素继承属性。但是它并不总是按此方式工作。看看下面这条规则:

```
body {
    font-family: Verdana, sans-serif;
}
```

根据上面这条规则,站点的 body 元素将使用 Verdana 字体(假如访问者的系统中存在该字体的话)。

通过 CSS 继承,子元素将继承最高级元素(在本例中是 body)所拥有的属性(这些子元素诸如 p,td,ul,ol,ul,li,dl,dt,和 dd)。不需要另外的规则,所有 body 的子元素都应该显示 Verdana 字体,子元素的子元素也一样。并且在大部分的现代浏览器中,也确实是这样的。

但是在那个浏览器大战的血腥年代里,这种情况就未必会发生,那时候对标准的支持并不是企业的优先选择。比方说,Netscape 4 就不支持继承,它不仅忽略继承,而且也忽略应用于 body 元素的规则。IE/Windows 直到 IE6 还存在相关的问题,在表格内的字体样式会被忽略。

3. 支持 Netscape 4

幸运的是，你可以通过使用我们称为 "Be Kind to Netscape 4" 的冗余法则来处理旧式浏览器无法理解继承的问题。

```
body {
    font-family: Verdana, sans-serif;
}

p, td, ul, ol, li, dl, dt, dd {
    font-family: Verdana, sans-serif;
}
```

4.0 浏览器无法理解继承，不过他们可以理解组选择器。这么做虽然会浪费一些用户的带宽，但是如果需要对 Netscape 4 用户进行支持，就不得不这么做。

4. 继承问题

如果不希望 "Verdana, sans-serif" 字体被所有的子元素继承，又该怎么做呢？比方说，希望段落的字体是 Times，只要创建一个针对 p 的特殊规则，这样它就会摆脱父元素的规则：

```
body {
    font-family: Verdana, sans-serif;
}

td, ul, ol, ul, li, dl, dt, dd {
    font-family: Verdana, sans-serif;
}

p {
    font-family: Times, "Times New Roman", serif;
}
```

5. 派生选择器

通过依据元素在其位置的上下文关系来定义样式，可以使标记更加简洁。

在 CSS1 中，通过这种方式来应用规则的选择器被称为上下文选择器（contextual selectors），这是由于它们依赖于上下文关系来应用或者避免某项规则。在 CSS2 中，它们称为派生选择器，但是无论你如何称呼它们，它们的作用都是相同的。

派生选择器允许根据文档的上下文关系来确定某个标签的样式。通过合理地使用派生选择器,可以使 HTML 代码变得更加整洁。

比方说,希望列表中的 strong 元素变为斜体字,而不是通常的粗体字,可以这样定义一个派生选择器:

```
li strong {
    font-style: italic;
    font-weight: normal;
}
```

请注意标记为 <strong> 的粗体代码的上下文关系:

<p><strong>我是粗体字,不是斜体字,因为我不在列表当中,所以这个规则对我不起作用</strong></p>

<ol>

<li><strong>我是斜体字。这是因为 strong 元素位于 li 元素内。</strong></li>

<li>我是正常的字体。</li>

</ol>

在上面的例子中,只有 li 元素中的 strong 元素的样式为斜体字,无需为 strong 元素定义特别的 class 或 id,代码更加简洁。

再看看下面的 CSS 规则:

```
strong {
    color: red;
}

h2 {
    color: red;
}

h2 strong {
    color: blue;
}
```

下面是它施加影响的 HTML:

<p>The strongly emphasized word in this paragraph is<strong>red</strong>.</p>

<h2>This subhead is also red.</h2>

```
<h2>The strongly emphasized word in this subhead is<strong>blue</
strong>.</h2>
```

8.4　id 选择器

1. id 选择器

id 选择器以"#"来定义,可以为标有特定 id 的 HTML 元素指定特定的样式。

下面的两个 id 选择器,第一个可以定义元素的颜色为红色,第二个定义元素的颜色为绿色:

```
#red {color:red;}
#green {color:green;}
```

下面的 HTML 代码中,id 属性为 red 的 p 元素显示为红色,而 id 属性为 green 的 p 元素显示为绿色。

```
<p id="red">这个段落是红色。</p>
<p id="green">这个段落是绿色。</p>
```

注意:id 属性只能在每个 HTML 文档中出现一次。

2. id 选择器和派生选择器

在现代布局中,id 选择器常常用于建立派生选择器。

```
#sidebar p {
    font-style: italic;
    text-align: right;
    margin-top: 0.5em;
}
```

上面的样式只会应用于出现在 id 是 sidebar 的元素内的段落。这个元素很可能是 div 或者是表格单元,尽管它也可能是一个表格或者其他块级元素。它甚至可以是一个内联元素,比如 <em></em> 或者 <span></span>,不过这样的用法是非法的,因为不可以在内联元素 <span> 中嵌入 <p>。

3. 一个选择器,多种用法

即使被标注为 sidebar 的元素只能在文档中出现一次,id 选择器作为派生选择器也可以被使用很多次:

```
#sidebar p {
```

```
font-style: italic;
text-align: right;
margin-top: 0.5em;
}

#sidebar h2 {
font-size: 1em;
font-weight: normal;
font-style: italic;
margin: 0;
line-height: 1.5;
text-align: right;
}
```

在这里,与页面中的其他 p 元素明显不同的是,sidebar 内的 p 元素得到了特殊的处理。同时,与页面中其他所有 h2 元素明显不同的是,sidebar 中的 h2 元素也得到了不同的特殊处理。

4. 单独的选择器

id 选择器即使不被用来创建派生选择器,它也可以独立发挥作用:

```
#sidebar {
    border: 1px dotted #000;
    padding: 10px;
}
```

根据这条规则,id 为 sidebar 的元素将拥有一个像素宽的黑色点状边框,同时其周围会有 10 个像素宽的内边距(padding,内部空白)。老版本的 Windows/IE 浏览器可能会忽略这条规则,除非特别地定义这个选择器所属的元素:

```
div#sidebar {
    border: 1px dotted #000;
    padding: 10px;
}
```

8.5 CSS 类选择器

1. 在 CSS 中,类选择器以一个点号显示

`.center {text-align: center}`

在上面的例子中,所有拥有 center 类的 HTML 元素均为居中。

在下面的 HTML 代码中,h1 和 p 元素都有 center 类。这意味着两者都将遵守 ".center" 选择器中的规则。

<h1 class = "center">

This heading will be center-aligned

</h1>

<p class = "center">

This paragraph will also be center-aligned.

</p>

注意:类名的第一个字符不能使用数字!它无法在 Mozilla 或 Firefox 中起作用。

2. 和 id 一样,class 也可被用作派生选择器

```
.fancy td {
    color: #f60;
    background: #666;
}
```

在上面这个例子中,类名为 fancy 的更大的元素内部的表格单元都会以灰色背景显示橙色文字(名为 fancy 的更大的元素可能是一个表格或者一个 div)。

3. 元素也可以基于它们的类而被选择

```
td.fancy {
    color: #f60;
    background: #666;
}
```

在上面的例子中,类名为 fancy 的表格单元将是带有灰色背景的橙色。

<td class="fancy">

可以将类 fancy 分配给任何一个表格元素任意多的次数。那些以 fancy 标注的单元格都会是带有灰色背景的橙色。那些没有被分配名为 fancy 的类的单元格不会受这条规则的影响。还有一点值得注意,class 为 fancy 的段落也不会是带有灰色背景的橙色。当然,任何其他被标注为 fancy 的元素也不会受这条规则的影响。这是由书写这条规则的方式决定的,这个效果被限制于被标注为 fancy 的表格单元(即使用 td 元素来选择 fancy 类)。

8.6 如何创建 CSS

8.6.1 如何插入样式表

当读到一个样式表时,浏览器会根据它来格式化 HTML 文档。插入样式表的方法有三种:

1. 外部样式表

当样式需要应用于很多页面时,外部样式表将是理想的选择。在使用外部样式表的情况下,可以通过改变一个文件来改变整个站点的外观。每个页面使用<link>标签链接到样式表。<link> 标签在(文档的)头部:

<head>
<link rel = "stylesheet" type = "text/css" href = "mystyle.css" />
</head>

浏览器会从文件 mystyle.css 中读到样式声明,并根据它来格式文档。

外部样式表可以在任何文本编辑器中进行编辑。文件不能包含任何的 HTML 标签。样式表应该以 .css 扩展名进行保存。下面是一个样式表文件的例子:

hr {color: sienna;}
p {margin-left: 20px;}
body {background-image: url("images/back40.gif");}

不要在属性值与单位之间留有空格。假如使用 "margin-left: 20 px" 而不是 "margin-left: 20px", 它仅在 IE 6 中有效,但是在 Mozilla/Firefox 或 Netscape 中却无法正常工作。

2. 内部样式表

当单个文档需要特殊的样式时,就应该使用内部样式表。可以使用 <style> 标签在文档头部定义内部样式表。

<head>
<style type = "text/css">
  hr {color: sienna;}
  p {margin-left: 20px;}
  body {background-image: url("images/back40.gif");}
</style>
</head>

3. 内联样式

由于要将表现和内容混杂在一起,内联样式会损失掉样式表的许多优势。请慎用这种方法,例如当样式仅需要在一个元素上应用一次时可以使用该方法。

要使用内联样式,需要在相关的标签内使用样式(style)属性。style 属性可以包含任何 CSS 属性。本例展示如何改变段落的颜色和左外边距:

<p style = "color: sienna; margin-left: 20px">
This is a paragraph
</p>

8.6.2 多重样式

如果某些属性在不同的样式表中被同样的选择器定义,那么属性值将从更具体的样式表中被继承过来。

例如,外部样式表拥有针对 h3 选择器的三个属性:

h3 {
　color: red;
　text-align: left;
　font-size: 8pt;
}

而内部样式表拥有针对 h3 选择器的两个属性:

h3 {
　text-align: right;
　font-size: 20pt;
}

假如拥有内部样式表的这个页面同时与外部样式表链接,那么 h3 得到的样式是:

color: red;
text-align: right;
font-size: 20pt;

即颜色属性将被继承于外部样式表,而文字排列(text-alignment)和字体尺寸(font-size)会被内部样式表中的规则取代。

8.7 CSS 背景

CSS 允许应用纯色作为背景,也允许使用背景图像创建相当复杂的效果。

CSS在这方面的能力远远在 HTML 之上。

8.7.1 背景色

可以使用 background-color 属性为元素设置背景色。这个属性接受任何合法的颜色值。

例如，把元素的背景设置为灰色：
p {background-color: gray;}

如果希望背景色从元素中的文本向外稍有延伸，只需增加一些内边距：
p {background-color: gray; padding: 20px;}

如需查看本例的效果，可以亲自试一试！

可以为所有元素设置背景色，这包括 body 一直到 em 和 a 等行内元素。

background-color 不能继承，其默认值是 transparent。transparent 有"透明"之意。也就是说，如果一个元素没有指定背景色，那么背景就是透明的，这样其祖先元素的背景才能可见。

8.7.2 背景图像

要把图像放入背景，需要使用 background-image 属性。background-image 属性的默认值是 none，表示背景上没有放置任何图像。

如果需要设置一个背景图像，必须为这个属性设置一个 URL 值：
body {background-image: url('/i/eg_bg_04.gif');}

大多数背景都应用到 body 元素，不过并不仅限于此。

下面例子为一个段落应用了一个背景，而不会对文档的其他部分应用背景：
p.flower {background-image: url('/i/eg_bg_03.gif');}

用户甚至可以为行内元素设置背景图像，下面的例子为一个链接设置了背景图像：
a.radio {background-image: url('/i/eg_bg_07.gif');}

如需查看上述例子的效果，可以亲自试一试！

理论上讲，甚至可以向 textareas 和 select 等替换元素的背景应用图像，不过并不是所有用户代理都能很好地处理这种情况。

另外还要补充一点，background-image 也不能继承。事实上，所有背景属性都不能继承。

8.7.3 背景重复

如果需要在页面上对背景图像进行平铺，可以使用 background-repeat 属性。

属性值 repeat 导致图像在水平和垂直方向上都平铺,就像以往背景图像的通常做法一样。repeat-x 和 repeat-y 分别导致图像只在水平或垂直方向上重复,no-repeat 则不允许图像在任何方向上平铺。

默认背景图像将从一个元素的左上角开始。请看下面的例子:

```
body
{
    background-image: url(/i/eg_bg_03.gif);
    background-repeat: repeat-y;
}
```

8.7.4 背景定位

可以利用 background-position 属性改变图像在背景中的位置。下面的例子在 body 元素中将一个背景图像居中放置:

```
body
{
    background-image:url('/i/eg_bg_03.gif');
    background-repeat:no-repeat;
    background-position:center;
}
```

为 background-position 属性提供值有很多方法。首先,可以使用一些关键字:top、bottom、left、right 和 center。通常,这些关键字会成对出现。还可以使用长度值,如 100px 或 5cm,最后也可以使用百分数值。不同类型的值对于背景图像的放置稍有差异。

1. 关键字

图像放置关键字最容易理解,其作用如其名称所表明的一样。例如,top right 使图像放置在元素内边距区的右上角。

根据规范,位置关键字可以按任何顺序出现,只要保证不超过两个关键字。一个对应水平方向,另一个对应垂直方向。如果只出现一个关键字,则认为另一个关键字是 center。

如果希望每个段落的中部上方出现一个图像,只需声明如下:

```
p
{
    background-image:url('bgimg.gif');
    background-repeat:no-repeat;
```

```
background-position:top;
}
```
下面是等价的位置关键字。

表 8-1 等价的位置关键字

单一关键字	等价的关键字
center	center center
top	top center 或 center top
bottom	bottom center 或 center bottom
right	right center 或 center right
left	left center 或 center left

2. 百分数值

百分数值的表现方式更为复杂。假设希望用百分数值将图像在其元素中居中,声明如下:

```
body
{
    background-image:url('/i/eg_bg_03.gif');
    background-repeat:no-repeat;
    background-position:50% 50%;
}
```

这会导致图像适当放置,其中心与其元素的中心对齐。换句话说,百分数值同时应用于元素和图像。也就是说,图像中描述为 50% 50% 的点(中心点)与元素中描述为 50% 50% 的点(中心点)对齐。

如果图像位于 0% 0%,其左上角将放在元素内边距区的左上角。如果图像位置是 100% 100%,会使图像的右下角放在右边距的右下角。

因此,如果想把一个图像放在水平方向 2/3、垂直方向 1/3 处,可以这样声明:
```
body
{
    background-image:url('/i/eg_bg_03.gif');
    background-repeat:no-repeat;
    background-position:66% 33%;
}
```

如果只提供一个百分数值,所提供的这个值将用作水平值,垂直值将假设为

50%。这一点与关键字类似。

background-position 的默认值是 0% 0%，在功能上相当于 top left。这就解释了背景图像为什么总是从元素内边距区的左上角开始平铺，除非您设置了不同的位置值。

3. 长度值

长度值解释的是元素内边距区左上角的偏移。偏移点是图像的左上角。比如，如果设置值为 50px 100px，图像的左上角将在元素内边距区左上角向右 50 像素、向下 100 像素的位置上：

```
body
{
    background-image:url('/i/eg_bg_03.gif');
    background-repeat:no-repeat;
    background-position:50px 100px;
}
```

注意，这一点与百分数值不同，因为偏移只是从一个左上角到另一个左上角。也就是说，图像的左上角与 background-position 声明中的指定的点对齐。

8.7.5 背景关联

如果文档比较长，那么当文档向下滚动时，背景图像也会随之滚动。当文档滚动到超过图像的位置时，图像就会消失。可以通过 background-attachment 属性防止这种滚动。通过这个属性，可以声明图像相对于可视区是固定的（fixed），因此不会受到滚动的影响。

```
body
{
    background-image:url('/i/eg_bg_02.gif');
    background-repeat:no-repeat;
    background-attachment:fixed
}
```

background-attachment 属性的默认值是 scroll，也就是说，在默认的情况下，背景会随文档滚动。

8.8　CSS 文本

CSS 文本属性可定义文本的外观。通过文本属性，可以改变文本的颜色、字符间距、对齐文本、装饰文本、对文本进行缩进,等等。

8.8.1 缩进文本

把 Web 页面上的段落的第一行缩进,这是一种最常用的文本格式化效果。CSS 提供了 text-indent 属性,该属性可以方便地实现文本缩进。通过使用 text-indent 属性,所有元素的第一行都可以缩进一个给定的长度,甚至该长度可以是负值。该属性最常见的用途是将段落的首行缩进,下面的规则会使所有段落的首行缩进 5 em:

p {text-indent: 5em;}

注意: 一般来说,可以为所有块级元素应用 text-indent,但无法将该属性应用于行内元素,图像之类的替换元素上也无法应用 text-indent 属性。不过,如果一个块级元素(比如段落)的首行中有一个图像,它会随该行的其余文本移动。

提示:如果想把一个行内元素的第一行"缩进",可以用左内边距或外边距创造这种效果。

1. 使用负值

text-indent 可以设置为负值。利用这种技术,可以实现很多有趣的效果,比如"悬挂缩进",即第一行悬挂在元素中余下部分的左边:

p {text-indent: -5em;}

不过在为 text-indent 设置负值时要当心,如果对一个段落设置了负值,那么首行的某些文本可能会超出浏览器窗口的左边界。为了避免出现这种显示问题,建议针对负缩进再设置一个外边距或一些内边距:

p {text-indent: -5em; padding-left: 5em;}

2. 使用百分比值

text-indent 可以使用所有长度单位,包括百分比值。百分数要相对于缩进元素父元素的宽度。换句话说,如果将缩进值设置为 20%,所影响元素的第一行会缩进其父元素宽度的 20%。

在下例中,缩进值是父元素的 20%,即 100 个像素:

div {width: 500px;}

p {text-indent: 20%;}

<div>
<p>this is a paragragh</p>
</div>

3. 继承

text-indent 属性可以继承，请考虑如下标记：

```
div#outer {width: 500px;}
div#inner {text-indent: 10%;}
p {width: 200px;}
```

```
<div id="outer">
<div id="inner">some text. some text. some text.
<p>this is a paragragh.</p>
</div>
</div>
```

以上标记中的段落也会缩进 50 像素，这是因为这个段落继承了 id 为 inner 的 div 元素的缩进值。

8.8.2 水平对齐

text-align 是一个基本的属性，它会影响一个元素中的文本行互相之间的对齐方式。它的前 3 个值相当直接，不过第 4 个和第 5 个则略有些复杂。

值 left、right 和 center 会导致元素中的文本分别左对齐、右对齐和居中。

西方语言都是从左向右读，所有 text-align 的默认值是 left。文本在左边界对齐，右边界呈锯齿状（称为"从左到右"文本）。对于希伯来语和阿拉伯语之类的语言，text-align 则默认为 right，因为这些语言从右向左读。center 会使每个文本行在元素中居中。

提示：将块级元素或表元素居中，要通过在这些元素上适当地设置左、右外边距来实现。

text-align:center 与 `<CENTER>`

读者可能会认为 text-align:center 与 `<CENTER>` 元素的作用一样，但实际上二者大不相同。`<CENTER>` 不仅影响文本，还会把整个元素居中。text-align 不会控制元素的对齐，而只影响内部内容。元素本身不会从一端移到另一端，只是其中的文本受影响。

8.8.3 justify

justify 也是一个水平对齐属性。

在两端对齐文本中，文本行的左右两端都放在父元素的内边界上。然后，调整单词和字母间的间隔，使各行的长度恰好相等。两端对齐文本在打印领域很常见。

需要注意的是,要由用户代理(而不是 CSS)来确定两端对齐文本如何拉伸,以填满父元素左右边界之间的空间。如需了解详情,请参阅 CSS text-align 属性参考页。

8.8.4 字间隔

word-spacing 属性可以改变字(单词)之间的标准间隔,其默认值 normal 与设置值为 0 是一样的。

word-spacing 属性接受一个正长度值或负长度值。如果提供一个正长度值,那么字之间的间隔就会增加。为 word-spacing 设置一个负值,会把它拉近:

p.spread {word-spacing: 30px;}
p.tight {word-spacing: -0.5em;}

<p class = "spread">
This is a paragraph. The spaces between words will be increased.
</p>

<p class = "tight">
This is a paragraph. The spaces between words will be decreased.
</p>

注释:如需深入理解 CSS 对"字"(word)的定义,请访问 CSS word-spacing 属性参考页。

8.8.5 字母间隔

letter-spacing 属性与 word-spacing 的区别在于,字母间隔修改的是字符或字母之间的间隔。

与 word-spacing 属性一样,letter-spacing 属性的可取值包括所有长度。默认关键字是 normal(这与 letter-spacing:0 相同)。输入的长度值会使字母之间的间隔增加或减少指定的量:

h1 {letter-spacing: -0.5em}
h4 {letter-spacing: 20px}

<h1>This is header 1</h1>
<h4>This is header 4</h4>

8.8.6 字符转换

text-transform 属性处理文本的大小写。这个属性有 4 个值：none，uppercase，lowercase，capitalize。

默认值 none 对文本不做任何改动，将使用源文档中的原有大小写。顾名思义，uppercase 和 lowercase 将文本转换为全大写和全小写字符。最后，capitalize 只对每个单词的首字母大写。

作为一个属性，text-transform 可能无关紧要，不过当您想把所有 h1 元素变为大写，这个属性就很有用。不必单独地修改所有 h1 元素的内容，只需使用 text-transform 就可完成这个修改：

h1 {text-transform: uppercase}

使用 text-transform 有两方面的好处。首先，只需写一个简单的规则来完成这个修改，而无需修改 h1 元素本身。其次，如果以后决定将所有大小写再切换为原来的大小写，可以更容易地完成修改。

8.8.7 文本装饰

接下来讨论 text-decoration 属性，这是一个很有意思的属性，它提供了很多非常有趣的行为。

text-decoration 有 5 个值：none，underline，overline，line-through，blink。

underline 会对元素加下划线，就像 HTML 中的 U 元素一样。overline 的作用恰好相反，会在文本的顶端画一个上划线。值 line-through 则在文本中间画一个贯穿线，等价于 HTML 中的 S 和 strike 元素。blink 会让文本闪烁，类似于 Netscape 支持的 blink 标记。

none 值会关闭原本应用到一个元素上的所有装饰。通常，无装饰的文本是默认外观，但也不总是这样。例如，链接默认地会有下划线。如果希望去掉超链接的下划线，可以使用以下 CSS 来做到这一点：

a {text-decoration: none;}

注意：如果显式地用这样一个规则去掉链接的下划线，那么锚与正常文本之间在视觉上的唯一差别就是颜色（至少默认是这样的，不过也不能完全保证其颜色肯定有区别）。

还可以在一个规则中结合多种装饰。如果希望所有超链接既有下划线，又有上划线，则规则如下：

a:link a:visited {text-decoration: underline overline;}

要注意的是，如果两个不同的装饰都与同一元素匹配，胜出规则的值会完全取代另一个值。请考虑以下的规则：

h2.stricken {text-decoration: line-through;}
h2 {text-decoration: underline overline;}

对于给定的规则，所有 class 为 stricken 的 h2 元素都只有一个贯穿线装饰，而没有下划线和上划线，因为 text-decoration 值会替换而不是累积起来。

8.8.8 处理空白符

white-space 属性会影响到用户代理对源文档中的空格、换行和 tab 字符的处理。

通过使用该属性，可以影响浏览器处理字之间和文本行之间的空白符的方式。从某种程度上讲，默认的 XHTML 处理已经完成了空白符处理：它会把所有空白符合并为一个空格。所以给定以下标记，它在 Web 浏览器中显示时，各个字之间只会显示一个空格，同时忽略元素中的换行：

<p>This   paragraph has   many
    spaces   in it.</p>

可以用以下声明显式地设置这种默认行为：

p {white-space: normal;}

上面的规则告诉浏览器按照平常的做法去处理：丢掉多余的空白符。如果给定这个值，换行字符（回车）会转换为空格，一行中多个空格的序列也会转换为一个空格。

表 8-2 总结了 white-space 属性的行为。

表 8-2 white-space 属性

值	空白符	换行符	自动换行
pre-line	合并	保留	允许
normal	合并	忽略	允许
nowrap	合并	忽略	不允许
pre	保留	保留	不允许
pre-wrap	保留	保留	允许

注意：我们在 IE7 和 FireFox2.0 浏览器中测试了上面的两个实例，结果是，值 pre-wrap 和 pre-line 都没有得到很好的支持。

8.8.9 文本方向

如果您阅读的是英文书籍，就会从左到右、从上到下地阅读，这就是英文的流方向。不过，并不是所有语言都如此。我们知道古汉语就是从右到左来阅读的，当然还包括希伯来语和阿拉伯语等等。CSS2 引入了一个属性来描述其方向性。

direction 属性影响块级元素中文本的书写方向、表中列布局的方向内容水平填充其元素框的方向以及两端对齐元素中最后一行。

注释：对于行内元素，只有当 unicode-bidi 属性设置为 embed 或 bidi-override 时才会应用 direction 属性。

direction 属性有两个值：ltr 和 rtl。大多数情况下，默认值是 ltr，显示从左到右的文本。如果显示从右到左的文本，应使用值 rtl。

8.9 CSS 字体

CSS 字体 (font) 属性定义文本中的字体。

设置字体属性是样式表的最常见用途之一。CSS 字体属性允许您设置字体系列 (font-family) 和字体加粗 (font-weight)，还可以设置字体的大小、字体风格 (如斜体) 和字体变形 (如小型大写字母)。

8.9.1 指定字体

可以使用 font-family 属性在文档中采用某种字体系列。

1. 使用通用字体系列

如果希望文档使用一种 sans-serif 字体，但是并不关心是哪一种字体，以下就是一个合适的声明：

body {font-family: sans-serif;}

这样用户代理就会从 sans-serif 字体系列中选择一个字体 (如 Helvetica)，并将其应用到 body 元素。因为有继承，这种字体选择还将应用到 body 元素中包含的所有元素，除非有一种更特定的选择器将其覆盖。

2. 指定字体系列

除了指定通用的字体系列，还可以通过 font-family 属性设置更具体的字体。

下面的例子为所有 h1 元素设置了 Georgia 字体：

h1 {font-family: Georgia;}

这样的规则同时会产生另外一个问题，如果用户代理上没有安装 Georgia 字体，就只能使用用户代理的默认字体来显示 h1 元素。

我们可以通过结合特定字体名和通用字体系列来解决这个问题：

h1 {font-family: Georgia, serif;}

如果读者没有安装 Georgia，但安装了 Times 字体(serif 字体系列中的一种字体)，用户代理就可能对 h1 元素使用 Times。尽管 Times 与 Georgia 并不完全匹配，但至少足够接近。

因此，我们建议在所有 font-family 规则中都提供一个通用字体系列。这样就提供了一条后路，在用户代理无法提供与规则匹配的特定字体时，就可以选择一个候选字体。

如果您对字体非常熟悉，也可以为给定的元素指定一系列类似的字体。要做到这一点，需要把这些字体按照优先顺序排列，然后用逗号进行连接：

p {font-family: Times, TimesNR, 'New Century Schoolbook',
   Georgia, 'New York', serif;}

根据这个列表，用户代理会按所列的顺序查找这些字体。如果列出的所有字体都不可用，就会简单地选择一种可用的 serif 字体。

3. 使用引号

您也许已经注意到了，上面的例子中使用了单引号。只有当一个字体名中有一个或多个空格(比如 New York)，或者如果字体名包括 ♯ 或 $ 之类的符号，才需要在 font-family 声明中加引号。

单引号或双引号都可以接受。但是，如果把一个 font-family 属性放在 HTML 的 style 属性中，则需要使用该属性本身未使用的那种引号。

8.9.2 CSS 字体属性

CSS 字体属性见表 8-3。

表 8-3 CSS 字体属性

属性	描述
font	简写属性。作用是把所有针对字体的属性设置在一个声明中
font-family	设置字体系列
font-size	设置字体的尺寸
font-size-adjust	当首选字体不可用时，对替换字体进行智能缩放(CSS2.1 已删除该属性)
font-stretch	对字体进行水平拉伸(CSS2.1 已删除该属性)
font-style	设置字体风格
font-variant	以小型大写字体或者正常字体显示文本
font-weight	设置字体的粗细

8.10 CSS 列表、CSS 表格与 CSS 轮廓

CSS 列表属性允许放置、改变列表项标志,或者将图像作为列表项标志。

8.10.1 CSS 列表

从某种意义上讲,不是描述性的文本的任何内容都可以认为是列表。人口普查、太阳系、家谱、参观菜单,甚至你的所有朋友都可以表示为一个列表或者是列表的列表。

由于列表如此多样,这使得列表相当重要,所以说,CSS 中列表样式不太丰富确实是一大憾事。

1. 列表类型

要影响列表的样式,最简单(同时支持最充分)的办法就是改变其标志类型。

例如,在一个无序列表中,列表项的标志(marker)是出现在各列表项旁边的圆点。在有序列表中,标志可能是字母、数字或另外某种计数体系中的一个符号。

要修改用于列表项的标志类型,可以使用属性 list-style-type:

ul {list-style-type : square}

上面的声明把无序列表中的列表项标志设置为方块。

2. 列表项图像

常规的标志是不够的,有时可能想对各标志使用一个图像,这可以利用 list-style-image 属性做到:

ul li {list-style-image : url(xxx.gif)}

只需要简单地使用一个 url() 值,就可以使用图像作为标志。

3. 列表标志位置

CSS2.1 可以确定标志出现在列表项内容之外还是内容内部。这是利用 list-style-position 完成的。

4. 简写列表样式

为简单起见,可以将以上 3 个列表样式属性合并为一个方便的属性:list-style,形式如下:

li {list-style : url(example.gif) square inside}

list-style 的值可以按任何顺序列出,而且这些值都可以忽略。只要提供了一个值,其他的就会填入其默认值。

5. CSS 列表属性(list)

CSS 列表属性见表 8-4。

表 8-4 CSS 列表属性

属性	描述
list-style	简写属性。用于把所有用于列表的属性设置于一个声明中
list-style-image	将图像设置为列表项标志
list-style-position	设置列表中列表项标志的位置
list-style-type	设置列表项标志的类型

8.10.2 CSS 表格

CSS 表格属性允许设置表格的布局。(请注意,本节介绍的不是如何使用表来建立布局,而是要介绍 CSS 中表本身如何布局。)

CSS 表格属性见表 8-5。

表 8-5 CSS 表格属性

属性	描述
border-collapse	设置是否把表格边框合并为单一的边框
border-spacing	设置分隔单元格边框的距离(仅用于"separated borders"模型)
caption-side	设置表格标题的位置
empty-cells	设置是否显示表格中的空单元格(仅用于"separated borders"模型)
table-layout	设置显示单元、行和列的算法

8.10.3 CSS 轮廓

轮廓(outline)是绘制于元素周围的一条线,位于边框边缘的外围,可起到突出元素的作用。CSS 轮廓属性规定元素轮廓的样式、颜色和宽度。

表 8-6 列出了 CSS 的边框属性,其中"CSS"列中的数字指示哪个 CSS 版本定义了该属性。

表 8-6 CSS 边框属性

属性	描述	CSS
outline	在一个声明中设置所有的轮廓属性	2
outline-color	设置轮廓的颜色	2
outline-style	设置轮廓的样式	2
outline-width	设置轮廓的宽度	2

第 9 章　JavaScript 及 Ajax

　　JavaScript 是在 Web 开发中广泛使用的一种脚本语言。所谓脚本语言,就是它是嵌入在 Web 页面代码中,执行一些在客户端与用户交互的功能。JavaScript 使用解释器解释执行。它是构成动态页面的一部分。ASP.NET 服务器控件需要把用户输入的信息和进行的操作发送到 Web 服务器,由服务器处理以后,再向客户端返回生成的结果 HTML 页面。而 JavaScript 的使用可以在客户端完成一些需要服务器完成的功能,例如验证用户输入的信息是否符合格式要求,这样就减轻了 Web 服务器的负担,也减少了用户等待服务器返回的时间,提高了用户的浏览体验。

9.1　在页面中添加 JavaScript 代码

　　首先来看一段在页面中嵌入 JavaScript 的代码,让读者对 JavaScript 有一个初步认识。

例:一个简单的 JavaScript 程序。

```
<html>
    <head>
    <title>一个简单的JavaScript程序</title>
    <head>
    <body>
    <script language = "JavaScript">
    alert("Hello JavaScript!");
    </script>
    </body>
</html>
```

　　这是一个简单的 Web 页面,里面嵌入了 JavaScript 代码,页面打开后弹出如图 9-1 所示对话框。

　　那么这里的 JavaScript 代码是怎么添加

图 9-1　JavaScript 对话框

的呢？注意＜script language＝"JavaScript"＞标记,这个标记之间的代码就是 JavaScript 代码。＜script＞标记是在页面中嵌入脚本语言,Language 属性指明了嵌入的语言种类。这里嵌入的是 JavaScript,其实还可以嵌入其他的语言,例如 C♯,VBScript 等。

9.2 JavaScript 数据类型和值

程序是通过操作值来完成各种任务的,值的类型称为数据类型。本节介绍 JavaScript 支持的数据类型和值。

9.2.1 数字

数字(number)是所有程序语言都支持的数据类型。但是 JavaScript 和其他语言不同,它并不区分整数值和浮点型数值。在 JavaScript 中,所有数字都是浮点型,也就是说,整数也归为浮点型。JavaScript 采用 64 位浮点型表示数字,表示范围是－1.7976931348623157E308 到＋1.7976931348623157E308。能表示的最小值是 5 E－324。它相当于 Java 或者 C++ 中的 double 类型。

除了十进制数以外,JavaScript 用 0X 开头的数表示十六进制数,用 0 开头的数表示八进制数。例如,0Xff 表示十进制的 255,011 表示十进制的 9。JavaScript 也支持用科学计数法表示浮点数,字母 E 表示 10 的幂。例如,3.14E2 代表 314。

9.2.2 字符串

字符串(string)是包含在单引号(')或者双引号(")之间的数据,可以有 0 个或者多个字符。JavaScript 里面没有单独的字符型表示单个字符,单个字符用长度为 1 的字符串表示。

下面的都是字符串

""

"A"

"Hello JavaScript!"

和其他语言类似,JavaScript 也用转义字符(\)来表示一些特殊的字符。JavaScript 中的转义字符如下：

\0　　　Null 字符

\b　　　退格符

\t　　　水平制表符

\n　　　换行符

\v	垂直制表符
\f	换页符
\r	回车符
\\	反斜杠\
\'	单引号
\"	双引号
\u	四位十六进制数 Unicode 字符
\xA9	版权符号

9.2.3 布尔值

JavaScript 中的布尔值(boolean)和其他语言中的布尔值一样，用来判断表达式的真假，如果为真，则用 true 表示，否则用 false 表示。在必要的时候，JavaScript 会将 true 转换成数字 1，将 false 转换成数字 0。

9.2.4 函数

函数(function)是一个可执行的代码片断。类似于其他语言中的函数，JavaScript 中也有语言的预定义函数和用户自定义函数。JavaScript 中的函数是这样定义的：

function 函数名（参数列表）
{
//函数内容
return……;//函数返回值
}

例如，下面自定义了一个计算平方的函数：

function square (x)
{
return x * x;
}

在 JavaScript 中，函数也是一种数据类型。它也可以像其他数据类型那样，可以被存储在变量、数组和对象中，还可以作为参数传递给其他函数。

9.2.5 对象

对象(object)的概念我们应该不会陌生。对象具有属性和方法，用户可以调用对象的属性和方法。

例如,下面的代码引用了一个对象的方法。

document.write("Hello JavaScript!");

方法名和属性之间用一个句点(.)隔开。

下面的代码引用了一个对象的属性:

通过 new 关键字可以创建一个对象。创建对象的时候,引用构造函数。例如:

var obj = new object();

var now = new Date();

其中,var 表示声明一个变量。前面已经讲过,变量用来存储值。对象是一种数据类型,这种类型的值可以存储在变量中。

创建对象以后,就可以设置并使用它们的属性。例如:

obj.x = 10;

obj.y = 20;

JavaScript 常用的对象如下:

(1)字符串 string 对象

属性:字符串对象主要属性是 length,表示字符串的长度。例如:

var mystring = "Hello JavaScript!";

document.write(mystring.length);

输出结果为 17。表示这个字符串的长度为 17,其中包含一个空格。

字符串对象的常用方法如下:

Anchor()创建一个类似 HTML 中一样的 anchor 标记

Bold()粗体字显示

Italics()斜体字显示

Fontsize()字体大小

toLowerCase()转换成小写字体

toUpperCase()转换成大写字体

IndexOf(char,index)从 index 处开始搜索 char 第一次出现的位置

substring(start,end)返回从 start 开始到 end 之间的子串

这里举一个例子,新建一个页面,里面加入如下代码:

＜script language="JavaScript"＞

var mystring = "Hello JavaScript!";

document.write(mystring.toUpperCase());

＜/script＞

输出结果如图 9-2 所示。

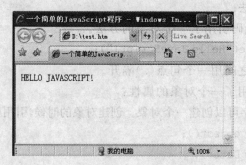

图9-2 输出结果

可见,toUpperCase()方法已经把小写字母全部转换成了大些字母。其他方法在此不一一介绍,读者可以参考有关手册。

(2)数学 Math 对象

Math 对象用来进行加、减、乘、除、平方、开方等数学计算。

属性:Math 对象的属性主要有常数 E,自然对数 ln10,自然对数 ln2,圆周率 PI,1/2 的平方根 sqrt(1/2),2 的平方根 sqrt2。

Math 对象的主要方法如下:

abs()取绝对值函数

sin()正弦函数

cos()余弦函数

sqrt()平方根函数

下面举一个例子,输出圆周率 PI 的平方根:

<script language="JavaScript">
document.write("圆周率 PI 的平方根是:" + Math.sqrt(Math.PI));
</script>

输出结果如图9-3所示。

图9-3 输出结果

(3) 日期和时间 Date 对象

Date 对象有下面一些常用的方法：

getYear()：返回年数

getMonth()：返回当月号数

getDate()：返回当日号数

getDay()：返回星期几

getHours()：返回小时数

getMintes(：返回分钟数

getSeconds()：返回秒数

getTime()：返回毫秒数

setYear()：设置年

setDate()：设置当月号数

setMonth()：设置当月份数

setHours()：设置小时数

setMintes()：设置分钟数

setSeconds()：设置秒数

setTime()：设置毫秒数

关于 Date 对象，后面章节将会介绍。

9.2.6 数组

数组(Array)是数值的集合，通常使用下标来引用存储在数组里的值。可以使用数组名，后面带上方括号，方括号里面是数组下标。在 JavaScript 里，下标也是从 0 开始的。例如，a[0]表示名为 a 的数组里面的第一个元素的值，而 a[9]则表示第十个元素的值。

数组中可以存放任何的 JavaScript 支持的数据类型，包括其他数组、函数和对象。例如，pic.obj[0].x，表示引用 obj 数组里面的第一个对象的 x 属性。obj 数组则存储在 pic 对象的 obj 属性中。

JavaScript 里面使用构造函数 Array()来构造数组，例如：

var a = new Array();

创建了数组以后，就可以给数组元素赋值。例如：

A[0] = 10;

A[1] = "Hello JavaScript!";

也可以指定数组长度：

var a = new Array(10);

还可以在创建的时候初始化数组：
`var a = new Array(10,"Hello JavaScript!");`

9.2.7 null

JavaScript 里的 null 关键字是一个特殊的值类型。它表示空，即没有值。null 通常被认为是对象类型的一种特殊情况，表示对象为空。null 并不表示 0，0 是数字类型。如果一个变量类型是 null，那么它不是一个有效的数字、字符串、布尔值或对象。

9.2.8 undefined

undefined 也是一种特殊的类型。如果一个变量在使用前没有声明，或者虽然声明了但并未赋值，或者引用了一个不存在的对象时，就会返回 undefined。

在布尔表达式中，undefined 和 null 是等效的。例如下面的语句会返回 true：
`obj.x = = null;`

如果 obj.x 根本就不存在，那么它的值就是 undefined，此时 JavaScript 把它看作 null。

9.2.9 date 对象

date 对象是 JavaScript 里面的一种数据类型。它表示日期和时间。可以用下面的语句创建一个 Data 对象：

`var now = new Date();`
`var childrenDay = new Date(2006,5,1);`

Date 对象的方法可以用来得到或者设置 Date 对象的值。例如：

`var weekday = childrenDay.getDay();`
`var year = childrenDay.getYear();`
`var month = childrenDay.getMonth();`
`var date = childrenDay.getDate();`
`document.write("今年的儿童节是"+year+"年"+month+"月"+date+"日,"+"weekday");`

下面看一个完整的例子：新建一个页面，里面加入如下代码：

`<html>`
`<head>`
`<title>一个简单的JavaScript程序</title>`
`<head>`

第 9 章 JavaScript 及 Ajax

```
<body>
<script language="JavaScript">
var childrenDay = new Date(2007,6,1);
var weekday = childrenDay.getDay();
var year =   childrenDay.getYear();
var month =  childrenDay.getMonth();
var date = childrenDay.getDate();
document.write("今年的儿童节是" + year + "年" + month + "月" + date + "日，星期" + weekday);
</script>
</body>
</html>
```

打开这个页面，输出结果如图 9-4 所示。

图 9-4 输出结果

9.2.10 正则表达式

正则表达式常用于模式匹配，例如验证一个用户输入字符串是否符合电子邮件格式。在 JavaScript 中，正则表达式是用 RegExp 对象表示的，可以使用 RegExp() 构造函数创建它。

正则表达式的语法十分复杂，后面会有介绍，这里仅举一个例子，让读者对它有个初步认识：

/[a-zA-Z]*/ 是一个正则表达式，它表示匹配以字母开头的字符串。

9.2.11 Error 对象

Error 对象用来保存有关错误的信息。当 JavaScript 程序运行错误时，

JavaScript解释器会抛出某个类的 Error 对象。Error 对象有两个属性 number 和 description。

Error 对象通常有以下三种创建方法：

var newErrorObj = new Error()

var newErrorObj = new Error(number)

var newErrorObj = new Error(number,description)

其中 number 是错误号，description 是错误描述信息。下面举一个例子，在页面中加入如下代码：

```
<script language="JavaScript">
try
{
  a = b;
}
catch(e)
{
  document.write(e + "\n");
  document.write(e.number + "\n");
  document.write(e.description);
}
</script>
```

运行结果如图 9-5 所示：

图 9-5 输出结果

其中[object Error]表示错误类型，-2146823279 表示错误号，'b'未定义表示错误信息。

9.2.12 基本数据类型的包装对象

可以使用对象的表示法来操作字符串,例如:
Var mystring = "Hello JavaScript!";
Document.write(mystring.length);

mystring 是一个字符串,我们却引用了它的属性。字符串是一种基本数据类型,那是否还有字符串对象呢? 答案是肯定的。三种基本数据类型(数字、字符串和布尔型)都有相应的对象类。JavaScript 不仅有三种数据类型,还有 Nunber、String 和 Boolean 类。这些类称为"基本数据类型的包装(wrapper)"。这些包装不仅有和基本数据类型一样的值,还有属性和方法。

在上面那个例子里,给 mystring 变量赋了一个值,当我们试图像使用类的对象那样调用它的属性时,JavaScript 会为这个字符串创建一个 String 包装对象,代替原来的字符串。这个对象具有 String 对象的属性和方法,因此可以像使用对象那样使用 mystring 字符串。只不过这个对象是临时创建的,用完就会被丢弃。如果要创建一个永久的对象,就要使用创建对象的方法:

var mystring = new String("Hello JavaScript!");

上面介绍的例子同样适用于其他两种基本数据类型。

JavaScript 有一个优势是:在任何需要的时候,它都会自动把基本数据类型转换成相应的包装对象,也会把包装对象转换成相应的基本数据类型。例如:

s = mystring + "……";

下面的例子说明了这种转化:

<script language="JavaScript">
var mystring = new String("Hello JavaScript!");
s = mystring + "……";
document.write(s);
</script>

上面的代码中,创建了 mystring 对象,在给 s 赋值的时候,又把这个对象转换成 string 类型,输出结果如图 9-6 所示。

图 9-6 输出结果

9.3 JavaScript 变量

9.3.1 变量的类型

JavaScript 中的变量有个特点就是它是无类型的。也就是说，JavaScript 的变量可以存储任何类型的数据。例如：

var s = "Hello JavaScript!";
s = 10;

这两个语句先给变量 s 赋一个字符串，然后再给它赋一个整数，这是合法的。而其他语言中是不允许这样做的。下面的语句也是合法的：

var s = "Hello JavaScript!";
s = s + 10;

这样得到的结果是"Hello JavaScript! 10"。它会自动把数字类型的 10 转换成字符串类型的 10，放在字符串的 s 后面，再赋给 s。

因为 JavaScript 是一种嵌入的轻量级的脚本语言，无需像 C# 或者 Java 那样严格区分数据类型，所以这种灵活的"无类型"会为我们写代码带来很大的方便。

9.3.2 变量的声明

变量在使用前必须声明，声明变量的语法很简单：

var 变量名;

或者

var 变量名 = 初值;

值得注意的是，如果多次声明同一个变量，JavaScript 不会认为是错误，而是把后面的声明语句当作赋值语句。另外，如果给未定义的变量赋值，JavaScript 会隐式声明它，并把它当作全局变量。

9.3.3 变量的作用域

一个变量的作用域是定义这个变量的区域。全局变量的作用域是全局的，即可以在任何地方访问。如果只是在函数内部声明一个变量，那么它就是局部变量，它的作用域就是仅限于函数内部。函数参数的作用域也仅限于函数内部。

以下几点是在理解函数作用域时需要注意的：

①局部变量会覆盖与之同名的全局变量。
②声明局部变量时，一定要使用 var 关键字。

③为避免歧义,推荐所有变量定义都使用 var 关键字。

④函数嵌套另一个函数时,变量的作用域也是嵌套的。

⑤没有块级作用域,函数中声明的变量,无论在哪里声明的,都在整个函数中有定义。例如,在 for 循环语句中声明的变量,在 for 语句外,仍然有定义。

下面的例子有助于理解:

函数内部的局部变量由于没有用 var 声明,覆盖了全局变量的值,造成输出的错误。在一个页面中加入如下代码:

```
<script language="JavaScript">
var s = "Hello JavaScript!";     //全局变量
function VarScope()
{
s = "Hello ASP.NET!"             //隐式为全局变量s赋值,改变了s的初值
document.write(s);
}
VarScope();                      //输出全局变量s的值
document.write(s);               //输出全局变量s的值
</script>
```

本意是要先定义一个全局变量,输出"Hello JavaScript!";再定义一个局部变量,利用函数访问它,输出 Hello ASP.NET!,可是结果如图 9-7 所示。

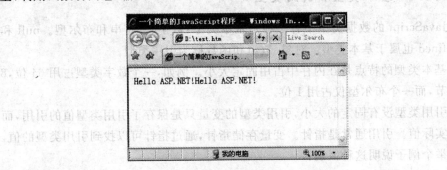

图 9-7 输出结果

出现这种结果是因为函数内部的局部变量由于没有用 var 声明,覆盖了全局变量的值,造成输出的错误。现在把代码改为:

```
<script language="JavaScript">
var s = "Hello JavaScript!";     //全局变量
function VarScope()
```

```
{
    var s = "Hello ASP.NET!"          //局部变量
    document.write(s);
}
VarScope();                            //输出局部变量s的值
document.write(s);                     //输出全局变量s的值
</script>
```
结果就是正确的,如图9-8所示。

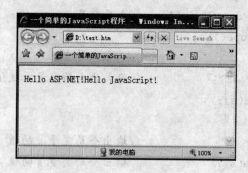

图9-8 输出结果

9.3.4 基本类型和引用类型

JavaScript 的数据类型中有三种是基本类型:数字、字符串和布尔型。null 和 undefined 也属于基本类型。对象、数组和函数称为引用类型。

基本类型的特点是在内存中占用固定大小。例如,一个数字类型占用64位,8个字节,而一个布尔型仅占用1位。

引用类型没有固定的大小,引用类型的变量只是保存了引用类型值的引用,而不是实际值。引用通常是指针。变量存储指针,通过指针可以找到引用类型的值。下面举个例子说明这种区别:

```
<script language="JavaScript">
var a = [1,2,3];          //新建一个数组
var b = a;                //把数组a的引用赋给b,而不是a的实际值
a[0] = 4;                 //a[0]的值变了
document.write(b);        //相应输出b引用的内容也变了
</script>
```

读者可以分析一下以上这段代码的输出结果。事实上,输出如图9-9所示。

图 9-9 输出结果

这个结果也许让有些读者难以理解。那是因为 a 代表数组地址，b＝a 代表存储的是指向数组 a[] 的指针，b 通过这个指针来找到数组 a[]。如果 a[] 的内容变了，输出的结果自然就变了。

9.3.5 无用存储单元的收集

基本类型的值存储在内存中，这些值在不用时必须释放占用的内存，否则将会消耗掉所有内存，造成内存溢出、系统崩溃。

JavaScript 里面使用无用存储单元收集（Garbage Collection）的方法自动释放这些内存资源。JavaScript 解释器检测到什么时候不再使用一个对象了，就会自动释放它所占用的内存。这是无需程序员关心的问题。

9.3.6 作为属性的变量

JavaScript 的变量和对象的属性很相似，事实上，在 JavaScript 中两者基本上是一样的，没有本质的区别。

JavaScript 解释器开始运行时，它会首先创建一个"顶层全局对象"，这个全局对象的属性就是 JavaScript 程序中的全局变量。在 JavaScript 程序中声明全局变量，实际是定义了"顶层全局对象"的属性。也就是说，JavaScript 程序中的全局变量等价于"顶层全局对象"的属性。在 JavaScript 以外的代码中，可以适用 this 关键字引用"顶层全局对象"。

局部变量也是一种对象的属性，这种对象叫做"调用对象"。函数的参数和函数的局部变量都是这个"调用对象"的属性。

9.3.7 深入理解变量作用域

前面我们说过全局变量的作用域是全局，局部变量的作用域是函数内部，嵌套函数的作用域是嵌套函数内部。这里,我们重新理解变量的作用域,试图从另一个更为深入的角度来理解它。

每个 JavaScript 执行环境都有一个与之相关的"作用域链",作用域链里面存放的是一系列的对象列表。当 JavaScript 要查询某一个变量 a 的值时,就依次查询这个作用域链里面对象的属性。前面讲过,变量就是对象的属性。JavaScript 依次查询是否有名为 a 的属性,如果一个对象没有,就接着查询下一个对象,直到找到名为 a 的属性,它的值就是变量 a 的值。

在 JavaScript 以外的代码中,这个作用域链由"顶层全局对象"构成。JavaScript 里面的全局变量就是"顶层全局对象"的属性。通过查找它的属性可以找到全局变量的值。

在函数内部,作用域链由全局对象和调用对象组成。首先检查调用对象,再检查全局对象。嵌套函数的作用域链由更多的对象组成。

9.4 JavaScript 表达式和运算符

9.4.1 表达式

表达式是可以计算值的句子。例如,a>b 是一个表达式,它可以得到一个布尔值,true 或者 false。通过运算符可以把变量、常量或对象连接起来生成表达式,或者把多个表达式组合成复杂的表达式。

9.4.2 运算符概述

JavaScript 里的运算符大部分和 C# 的运算符相同,这里就不一一介绍。需要注意的是,JavaScript 会自动地在某种时候进行数据类型的转化,例如:

a = 3 * "4";

得到的 a 的值是数字 12。虽然"4"是字符串类型的,但是在用 * 运算符连接时,JavaScript 自动地进行了类型转换。又如:

b = "1" + 0;

得到的 b 是字符串"10"。读者要小心使用这种带歧义性的语句。

运算符有不同的优先级,括号的优先级最高,赋值运算符的优先级最低。运算符的优先级从高到低大概如下:

. [] ()

++ -- ! ~正号 负号

* / %

第 9 章 JavaScript 及 Ajax

```
+       -
<<      >>
>       <       >=      <=
==      !=
=
```

搞清楚运算符的优先级可以避免写出引起歧义的代码。一个好的程序要求健壮、易读。我们的建议是，在模棱两可的时候，就毫不犹豫地使用括号，把你认为需要优先的部分括起来，因为它的优先级最高。

9.4.3 算术运算符

算术运算符主要有以下几种：

```
+       加
-       减
*       乘
/       除
%       取模，例如 5 % 2 得到 5 除以 2 的余数 1
-       负号
+       正号
++      自增，例如 i++ 表示 i = i+1
--      自减，例如 i-- 表示 i = i-1
```

这些运算符的含义读者应该都不陌生。

9.4.4 相等运算符

主要有两个相等运算符：==（!=）和 ===（!==）。

它们的区别在于，===（!==）表示严格的等同，而 ==（!=）并不表示严格的等同。两个数据，如果它们的类型不同，但是在进行类型转换后两个数据相同，那么它们就是 == 的，但不是 === 的。读者可以仔细理解下面的例子：

```
<script language="JavaScript">
var a = 1;
var b = "1";
document.write((a==b));
document.write((a===b));
</script>
```

输出结果为：

true false
a是数字1,b是字符串"1",它们在进行类型转换以后就相同了。

9.4.5 关系运算符

JavaScript 主要有以下关系运算符：
- ＜ 小于
- ＞ 大于
- ＜＝ 小于等于
- ＞＝ 大于等于
- in 判断左边的字符串是不是右边对象的属性,是则返回 true,否则返回 false
- instanceof 判断左边的对象是不是右边类的实例

9.4.6 字符串运算符

字符串运算符主要是字符串连接运算符＋,用于把两个字符串连接成一个。例如：

var a = "Hello";
var b = "JavaScript!";
var c = a + b;

则 c 是"Hello JavaScript!"。

9.4.7 逻辑运算符

主要有下面几种逻辑运算符：
- && 逻辑与
- || 逻辑或
- ! 逻辑非

9.4.8 逐位运算符

逐位运算符主要有以下几种：
- & 按位与
- | 按位或
- ^ 按位异或
- ~ 按位非
- ＜＜ 左移

\>\>   右移

9.4.9 赋值运算符

赋值运算符＝,用于给变量赋值。它的优先级最低。其他赋值运算符如下：

```
+ =        a+ = b 等价于 a = a+b
- =        a- = b 等价于 a = a-b
* =        a* = b 等价于 a = a*b
/ =        a/ = b 等价于 a = a/b
% =        a% = b 等价于 a = a%b
& =        a& = b 等价于 a = a&b
| =        a| = b 等价于 a = a|b
^ =        a^ = b 等价于 a = a^b
<< =       a<< = b 等价于 a = a<<b
>> =       a>> = b 等价于 a = a>>b
```

9.4.10 其他运算符

1. 条件运算符(?:)

条件运算符是一个三元运算符。它的用法如下：

表达式1？表达式2:表达式3

这称为一个条件表达式。表达式1是一个布尔值,如果它为 true,则条件表达式的值是表达式2的值,否则是表达式3的值。举个例子：

var b = (a>0? a:0);

括号里面是一个条件表达式,它的值由 a>0 决定。如果 a>0 为 true,则它的值是 a,则 b＝a。否则它的值是 0,则 b＝0。

2. typeof 运算符

Typeof 是一个一元运算符,用于返回一个数据的类型。如果这个数据是数字、布尔值或者字符串,则返回的结果就是"number"、"boolean"或者"string"。如果这个数据是对象、数组或者 null,则返回"object"。如果是函数则返回"function",如果未定义,则返回"undefined"

```
<script language = "JavaScript">
var a = true;
var b = "Hello JavaScript!";
var c = new String();
```

```
document.write(typeof(a) + "\n");
document.write(typeof(b) + "\n");
document.write(typeof(c) + "\n");
</script>
```

在这里面,a 是布尔型变量,因此 typeof(a)的值是"boolean";b 是字符串型变量,因此 typeof(b)的值是"string";c 是 string 对象,因此 typeof(c)的值是"object"。

这段代码输出结果如图 9-10 所示:

图 9-10 输出结果

还有对象创建运算符 new,删除属性或变量运算符 delete,void 运算符,逗号运算符,对象存取操作符"[]"和".",函数调用运算符"()"等,这里不一一介绍。读者可参考相关手册。

9.5 JavaScript 语句

程序是语句的集合,这一节介绍 JavaScript 所支持的语句。

9.5.1 if 语句

if 语句是条件选择语句,可以使程序有条件地执行。它的语法如下:
if(条件表达式)
{
　　语句块
}
如果条件表达式的值为 true,即满足条件,则执行括号里面的代码,否则不执行。

if 语句还有另外一种形式 if…else。
if(条件表达式)
{语句块 1}
else
{语句块 2}
如果条件表达式的值为 true,则执行语句块 1,否则执行语句块 2。例如:
if(a>b)
{c = a;}//如果 a>b 成立,则 c = a
else
{c = b;}//如果 a>b 不成立,则 c = b

9.5.2　else if 语句

else if 语句和 if…else 语句作用相同,相当于嵌套使用 if…else。只不过形式不同罢了。

if(条件表达式 1){语句块 1}
else if(条件表达式 2){语句块 2}
else if(条件表达式 3){语句块 3}
⋮
else{语句块 n}

如果满足条件表达式 1,则执行语句块 1;如果满足条件表达式 2,则执行语句块 2;……如果前面的所有条件表达式都不满足,则执行语句块 n。例如:

if(n = = 1){a = 1}
else if(n = 2){a = 2}
else if(n = 3){a = 3}
else {n = 4}

9.5.3　switch 语句

嵌套的 if…else 或者 else if 选择语句有时候很麻烦,我们有另外一种选择,这就是 switch 语句。switch 语句也是用于选择执行,它的语法如下:
switch(表达式)
{
case 值 1:
　　代码块 1
[break;]

```
case 值2：
    代码块 2
[break;]
 ⋮
Default：
    代码块 n
[break;]
}
```

如果表达式的值是值1，则执行代码块1；如果表达式的值是值2，则执行代码块2；……如果全部都不是，则执行代码块 n。这里的 break 是可选项，用于执行完一个代码块后跳出 switch 语句，否则它会继续执行下面的代码块。Case 后面是一些供表达式对比的值。switch 和 case、default 总是配合使用的。

9.5.4　while 语句

while 语句用于条件循环。语法如下：
```
while(条件表达式)
{
    代码块
}
```
如果条件表达式的值为 true，即满足条件，则循环执行括号里面的代码，否则不执行。值得注意的是，如果这个条件在每次循环后仍然满足，则会一直循环执行下去。有时这是我们不希望看到的，那么应当在语句块里面设法控制条件表达式的值，使得它不总是满足条件，而只是在我们需要执行循环的时候满足。例如：
```
var a = 10;
while(a>0)
{
    document.write("a = " + a + "\n");
    a--;
}
```
还记得 a－－吗？它的含义是 a＝a－1，即把 a 的值减去 1。这样每次循环以后，a 的值就会减小，直到 a 变为 0 时，不满足 a>0 为止，此时跳出循环。如果没有 a－－，这个循环就会无限循环下去。结果如图 9－11 所示。

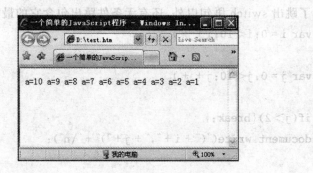

图 9-11 输出结果

9.5.5 do/while 语句

do…while 语句和 while 语句的作用一样,唯一的差别在于 do…while 是先执行括号里面的代码块,再判断是否满足条件表达式。而 while 语句是先判断后执行。do…while 语句语法如下:

do
{
　语句块
}
while(条件表达式)

9.5.6 for 语句

for 语句是功能最强大的循环语句,它的语法如下:
for(语句1;条件表达式;语句2)
{
　语句块
}

执行 for 语句时,先从语句1开始,执行完语句1以后,再执行括号里的语句块。第一次执行完括号里的语句块后,执行语句2。然后再判断是否满足条件表达式,如果满足,再执行括号里的语句块,否则退出循环。接下来就是循环"判断是否满足条件表达式,如果满足,再执行括号里的语句块,否则退出循环"这个过程。

9.5.7 break 语句

break 语句在前面的 switch 语句里面已经见过,它用来跳出 switch 语句。它

的作用除了跳出switch语句以外,还有无条件跳出包含它的最内层循环。例如:

```
for(var i=0;i<10;i++)
{
for(var j=0;j<10;j++)
  {
    if(j>2){break;}
    document.write("("+i+","+j+")"+"\n");

  }
}
```

每当变量j>2时,break语句使得内层循环跳出,接着执行下一次外层循环。最后应当输出30对数,结果如图9-12所示。

图9-12 输出结果

9.5.8 continue 语句

continue也是用于中止循环,它和break的区别在于它只是中止本次循环,接着执行下一次循环,而不是跳出整个循环体。

9.5.9 return 语句

return语句用于函数中,返回函数的值。例如:

```
function a()
{
    return 10;
}
var b = a();
```

函数 a 的返回值是 10。b 调用函数 a 赋值,那么 b 的值就是 10。

9.5.10 throw

throw 语句用于抛出程序的异常,抛出的异常可以被 try/catch/finally 语句捕捉并处理。

throw 语句的语法如下:

throw 异常对象

这里举一个抛出异常的例子:

if(a>0) {throw new error("程序出现异常!");}

9.5.11 try/catch/finally

try/catch/finally 语句捕捉并处理 throw 语句抛出的异常。它的语法如下:

try
{
　　//可能发生异常的代码。可以用 throw 语句抛出异常,也可以调用抛出异常的方法
　　//间接抛出异常。如果没有异常发生,就执行完全部代码。
}
catch(e)
{
　　//e 代表异常对象,这里捕捉这个异常以后进行处理
}
finally
{
　　//finally 是可选的,无论是否有异常发生,都会执行这里的代码
}

下面举一个具体的例子说明:

try
{
  b;
}
catch(e)
{
document.write(e + e.number + e.description);

这里没有声明便使用了 b,出现了一个异常。catch 捕捉这个异常并输出了异常类型、异常号和异常描述。结果如图 9-13 所示。

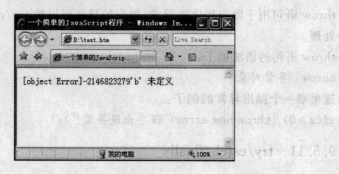

图 9-13　输出结果

9.5.12　空语句

空语句什么也不做,它也是 JavaScript 支持的语句。语法如下:

;

可见空语句什么也没有。当我们需要程序什么也不做的时候,就使用空语句。通常它被用在循环体中。

9.6　JavaScript 函数

前面我们已经见过 JavaScript 的函数。有的是内部函数,有的是用户自定义函数。这里重点介绍用户自定义函数的声明、调用等。学完本章后,读者可以全面掌握 JavaScript 函数的用法。

9.6.1　函数的定义和调用

函数是用 function 定义的,语法如下:
function 函数名([参数列表])
{
　　代码块
　　[return…;]
}

其中,参数列表是可选的,可以有 0 个或者多个参数,参数之间用逗号隔开。

这里的参数叫做"形式参数"。return 语句也是可选的,函数可以有返回值,也可以没有。下面举一个定义函数的例子:

```
function print (mystring)
{
    document.write(mystring);
}
```

该函数有一个参数,没有返回值,它的作用是输出参数的值。可以用来代替我们经常用到的 document.write。

调用函数的语法如下:

函数名([参数列表])

这里的参数应该和函数定义里面的参数一一对应。不过这里的参数叫做"实际参数"。在调用的时候,程序把实际参数传递给函数定义,用来代替函数定义里面的形式参数,然后执行里面的代码。如果函数有返回值,完了以后就返回函数值到调用它的地方。

例如,我们调用刚刚定义的 print 函数:

print("Hello JavaScript!");

得到的结果是输出"Hello JavaScript!"。这里就是用"Hello JavaScript!"代替了函数定义里的 mystring。

除此以外,还有一种定义函数的方法,那就是用 function()来动态定义函数。语法如下:

var 函数名 = new function(参数列表)

这里使用了 new 关键字,这有点像创建对象的语句。参数列表里面应该有一个或多个字符串参数。如果有多个字符串参数,那么最后一个参数会自动被认为是函数体,而前面的参数会被认为是所要构造函数的形式参数;如果只有一个参数,那么它就是函数体,构造出来的这个函数就没有参数。下面举个例子:

var a = new function("return 10;");

它等价于

```
function a()
{
    return 10;
}
```

下面这个例子等价于前面定义的 print 函数:

var print = new Function("mystring","document.write(mystring);");

我们可以如下地调用它:

print("Hello JavaScript!");

用 function()可以动态地创建函数,但是每次调用时,function()都要对其进行编译。如果频繁调用,那么效率将是低下的。所以我们并不推荐使用 function()创建函数。

此外,函数还可以嵌套定义和递归调用。

9.6.2 作为数据的函数

在前面介绍了函数的定义和调用。实际上在所有编程语言里面,函数都作为语法而出现,可以定义和调用它。但是在 JavaScript 里面,函数不仅是语法,还是数据。也就是说,可以把它作为值赋给变量、存放在对象的属性中或数组中、传递给其他函数等。这里我们介绍的是函数作为数据的用法。

首先来理解函数的定义:

```
function print (mystring)
{
    document.write(mystring);
}
```

函数名 print 有什么含义呢?其实函数名是存放函数的变量名。这个定义创建了一个函数对象,把这个对象的值赋给了变量 print。函数就是存放在这个变量中。既然如此,我们也可以把函数赋给别的变量,或者赋给对象的属性:

```
var a = print;             //把函数赋给了变量a
a("Hello JavaScript");     //调用a等价于调用print

var obj = new object;      //新建一个对象
obj.a = print;//把函数赋给对象的属性,这里我们称为方法
obj.a("Hello JavaScript"); //调用对象的方法
```

下面是一个完整的例子:

```
<script language="JavaScript">
function print(mystring)
{
document.write(mystring);
}
var a = print;                    //把函数赋给了变量a
a("Hello JavaScript" + "\n");     //调用a等价于调用print
var obj = new Object;
```

```
obj.a = print;
obj.a("Hello JavaScript");
</script>
```
输出如图 9-14 所示。

图 9-14 输出结果

9.6.3 函数的作用域

前面介绍过,函数的作用域是函数体内部。在函数内部通过 var 创建的变量是局部变量,它的作用域是整个函数体内部。JavaScript 把调用对象加在全局对象前面构成作用域链,通过依次搜索这个作用域链里面对象的属性,来找到变量的值。嵌套函数的作用域也是嵌套的。

9.6.4 arguments 对象

arguments 对象是函数的内置对象,用来获取传递给函数的实际参数值。Arguments 类似于数组,可以用来存取用户调用函数时输入的实际参数,而且并不限定实际参数的个数,尽管个数和函数定义的形式参数个数不符。arguments 对象有 length 属性,表示存储的参数个数。下面举一个例子:

```
function f(a,b)
{
    if(arguments.length! = 2)
    {
        throw new error("实际参数个数错误");
    }
}
```

这个函数使用了 arguments 对象检查实际参数个数,如果用户输入的实际参数个数不是 2 个,就抛出一个异常。

下面举一个完整的例子:

```
<script language="JavaScript">
    function f(a,b)
    {
        if(arguments.length! = 2)
        {
            throw new Error(100,"实际参数个数错误");
        }
    }
    try
    {
        f(1,2,3);
    }
    catch(e)
    {
        document.write(e + e.number + e.description);
    }
</script>
```

输出结果如图 9-15 所示。

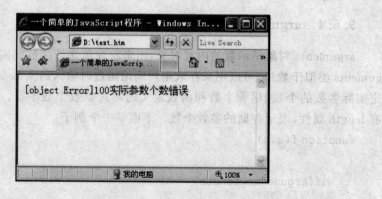

图 9-15 输出结果

我们也可以用 argument[ ] 数组获得用户输入的实际参数的值。例如,argument[0] 表示第一个参数,argument[1] 表示第二个参数。这里举一个例子:

```
<script language="JavaScript">
function f(a,b)
{
    for(var i=0;i<arguments.length;i++)
    {
        document.write(arguments[i]+"\n");
    }
}
f(1,2,3,4,5);
</script>
```

这里我们调用函数时使用了 5 个实际参数,尽管函数实际上只有两个形式参数,但是 argument[ ]数组还是可以获得所有的实际参数。结果如图 9-16 所示。

图 9-16 输出结果

9.6.5 函数的属性和方法

函数作为对象有它自己的属性和方法。

1. length 属性

函数的 length 属性表示函数定义的"形式参数"的个数,注意它和 arguments 对象的 length 属性的区别。

2. 自定义的函数属性

我们也可以自定义函数的属性,用来保存需要的值供函数使用。例如:

```
f.number = 0;//自定义函数的属性
function f()
```

```
{
    return f.number;//使用函数的自定义属性
}
```

3. call 方法

call 方法用来调用函数。语法如下：

call(对象名,参数 1,参数 2…)

call 方法的第一个参数是要调用这个函数的对象名,后面的是传递给函数的参数。例如：

```
f.call(obj,1,2);
```

4. apply 方法

apply 方法和 call 方法一样。唯一的区别在于参数列表不同,它采用的是数组的形式：

```
f.apply(obj,[1,2]);
```

9.7 正则表达式

9.7.1 正则表达式的定义

正则表达式用来进行模式匹配或者字符串处理。从直观上看,我们可以认为正则表达式是包含在两个斜杠之间的字符。在 JavaScript 中,正则表达式由 RegExp 对象表示。可以如下定义正则表达式：

var a = /[0-9a-zA-Z]/;

这个语句创建了一个 RegExp 对象,把它赋给了变量 a,后面两个斜杠之间的字符就是正则表达式。它表示匹配任意数字或字母。

同样的,可以如下定义正则表达式：

var a = new RegExp("[0-9a-zA-Z]");

下面介绍正则表达式中一些特殊字符的含义,以及如何用它们构造正则表达式,如表 9-1 所示。

表 9-1 正则表达式中特殊字符的含义

字符	含义
字母和数字	匹配自身
\0	匹配 nul 字符

续表 9-1

字符	含义
\t	匹配制表符
\n	匹配换行符
\v	匹配垂直制表符
\f	匹配换页符
\r	匹配回车
\s	匹配空格
\\	匹配反斜杠\
+	匹配前一项一次或者多次,例如 a+匹配一个或者多个字母 a
*	匹配前一项 0 次或者多次,例如 a*匹配 0 个或者多个字母 a
?	匹配前一项 0 次或者 1 次
{n}	匹配前一项 n 次
{m,n}	匹配前一项 n 到 m 次
{n,}	匹配前一项至少 n 次
[……]	匹配括号中的任意字符,例如[0-9a-zA-Z]匹配字母或数字
[^……]	匹配不在此括号中的任意字符
^	匹配字符串的开头
$	匹配字符串的结尾
g	执行全局匹配
i	执行大小写不敏感的匹配
m	多行匹配
\w	任何单个字符,等价于[0-9a-zA-Z_]

使用表中的字符构造正则表达式比较复杂,需要一定的经验。

下面的例子要求用户输入一个 E-mail 地址,如果输入错误,会要求用户重新输入,直到用户输入正确以后,把用户输入的 E-mail 地址显示出来:

```
<script language = "JavaScript">
function CheckEmail(Email)
{
    var myReg = /^[_a-z0-9]+@([_a-z0-9]+\.)+[a-z0-9]{2,3}$/;
```

```
    if(myReg.test(Email)) {return true;}
    else{return false;}
}
var myemail = prompt("请输入一个 E-mail 地址");
while(! CheckEmail(myemail))
{
    alert("输入错误,请重新输入!");
    myemail = prompt("请输入一个 E-mail 地址");
}
document.write("你输入的 E-mail 地址是:"+ myemail);
</script>
```

这段代码的关键在于第四行的正则表达式,它匹配了 E-mail 地址,读者应该仔细理解它的含义。运行结果如图 9-17、图 9-18 所示。

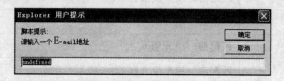

图 9-17 输出结果

图 9-18 输出结果

9.7.2 用于模式匹配的 string 方法

这一节我们介绍怎样使用 string 对象的方法,在正则表达式中执行模式匹配等操作。

1. search 方法

search 方法用于搜索字符串,它使用正则表达式做参数,返回第一个与之匹配的子串的位置,如果没有匹配的子串,则返回-1。例如:

```
<script language = "JavaScript">
    var mystring = new string("Hello JavaScript!");    //新建了一个 string 对象
    document.write(mystring.search(/java/i));//调用 search 方法
</script>
```

输出的结果是 6,它表示第一个与正则表达式/java/i 匹配的子串的位置是第 6 个字符处。这里的 i 表示不区分大小写。

2. replace 方法

replace 方法用来检索和替换字符串。它有两个参数,第一个参数是正则表达式,第二个参数是要进行替换的字符串。例如:

```
var mystring = new String("Hello JavaScript!");
mystring.replace(/java/gi,"vb");
```

这段代码把 mystring 里的"java"全部换成"vb"。

3. match 方法

match 方法用来执行搜索并返回匹配的结果数组,数组中的第一个元素是完全匹配的字符串,后面的元素则是部分匹配的字符串。例如:

```
<script language = "JavaScript">
    var myReg = /^[_a-z0-9]+@([_a-z0-9]+\.)+[a-z0-9]{2,3}$/;
    var mystring = "Hello JavaScript! My email is abc@163.com!";
    var result = mystring.match(myReg);
    document.write(result[0]);
</script>
```

这段代码搜索一个字符串里面的 E-mail 地址,输出搜索到的结果。

9.7.3 RegExp 对象

正则表达式是用 RegExp 对象表示的。首先介绍 RegExp 对象的构造函数 RegExp()。它构造 RegExp 对象的语法如下:

var myReg = new RegExp("正则表达式","g、i 或 m 的组合");

其中 g、i 和 m 的含义参照表 9-1 所示。下面举个例子:

var myReg = new RegExp("java","gi");

RegExp 对象的方法如下。

1. Test 方法

Test 方法接受一个字符串作为参数,判断这个字符串是否包含正则表达式的一个匹配,如果包含就返回 true。例如:

```
<script language="JavaScript">
var myReg = new RegExp("java","i");
if(myReg.test("Hello JavaScript!"))
{
document.write("找到了匹配的字符串");
}
</script>
```

结果如图 9-19 所示。

图 9-19 输出结果

2. Exec 方法

Exect 方法对一个字符串进行检索,如果没有找到匹配的就返回 null。如果找到匹配,则返回一个数组。这个数组的第一个元素存储的是匹配的字符串,其他元素存储的是部分匹配的字符串。这个数组有一个 Index 属性存放匹配的位置。这个和 string 对象的 match 方法类似。它会记录 RegExp 对象的 lastIndex 属性,在下次搜索时,就会从这个位置开始继续搜索。例如:

```
var myReg = new RegExp("java","i");
var mystring = "Hello JavaScript!";
var result = myReg.exec(mystring);
    document.write("匹配"+result[0]+"的位置为"+result.index+",下一次搜索位置为"+result.lastIndex);
```

输出结果如图 9-20 所示。

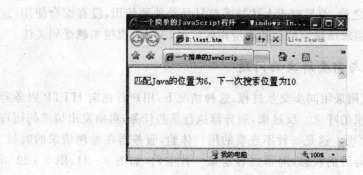

图 9-20　输出结果

RegExp 对象的属性如下：
source   存放正则表达式文本
global   判断正则表达式是否有标记 g
ignorCase   判断正则表达式是否有标记 i
multiline   判断正则表达式是否有标记 m
lastIndex   存放下一次搜索的位置

9.8　AJAX 简介

在使用浏览器浏览网页的时候，当页面刷新很慢的时候，您的浏览器在干什么？您的屏幕内容是什么？是的，您的浏览器在等待刷新，您的屏幕内容是一片空白，而您在屏幕前苦苦等待浏览器的响应。开发人员为了克服这种尴尬的局面，不得不在每一个可能需要长时间等待响应的页面上增加一个 DIV，告诉用户"系统正在处理您的请求，请稍候……"。

现在，有一种越来越流行的"老"技术，可以彻底改变这种窘迫的局面。那就是 AJAX。如今，随着 Gmail、GoogleMaps 的应用和各种浏览器的支持，AJAX 正逐渐吸引全世界的眼球。

9.8.1　AJAX 定义

AJAX（Asynchronous JavaScript and XML）其实是多种技术的综合，包括 JavaScript、XHTML 和 CSS、DOM、XML 和 XSTL、XMLHttpRequest。其中：使用 XHTML 和 CSS 实现标准化呈现，使用 DOM 实现动态显示和交互，使用 XML 和 XSTL 进行数据交换与处理，使用 XMLHttpRequest 对象进行异步数据读取，使用 JavaScript 绑定和处理所有数据。

在 AJAX 提出之前,业界对于上述技术都只是单独地使用,没有综合使用,这是由于之前的技术需求所决定的。随着应用的广泛,AJAX 也越来越受到关注。

9.8.2 现状与需要解决的问题

传统的 Web 应用采用同步交互过程,这种情况下,用户首先向 HTTP 服务器触发一个行为或请求的呼求。反过来,服务器执行某些任务,再向发出请求的用户返回一个 HTML 页面。这是一种不连贯的用户体验,服务器在处理请求的时候,用户多数时间处于等待的状态,屏幕内容也是一片空白,如图 9-21、图 9-22 所示。

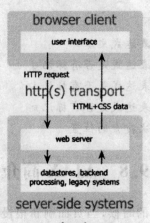

图 9-21 客户端向服务端请求的服务过程

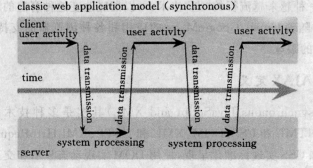

图 9-22 服务端向客户端发送应答过程

自从采用超文本作为 Web 传输和呈现之后,都是采用这样一套传输方式。当负载比较小的时候,这并不会体现出有什么不妥。可是当负载比较大,响应时间很长的时候,这种等待就不可忍受了。严重的,超过响应时间,服务器会提示页面不可用。另外,某些时候,只是想改变页面一小部分的数据,那为什么必须重新加载整个页面呢?当软件设计越来越讲究人性化的时候,这么糟糕的用户体验简直与这种原则背道而驰。为什么老是要让用户等待服务器取数据呢?至少,我们应该减少用户等待的时间。现在,除了程序设计、编码优化和服务器调优之外,还可以采用 AJAX。

9.8.3 为什么使用 AJAX

与传统的 Web 应用不同,AJAX 采用异步交互过程。AJAX 在用户与服务器之间引入一个中间媒介,从而消除了网络交互过程中的处理—等待—处理—等待缺点。用户的浏览器在执行任务时即装载了 AJAX 引擎。AJAX 引擎用 JavaScript 语言编写,通常藏在一个隐藏的框架中。它负责编译用户界面及与服务器之间的交互。AJAX 引擎允许用户与应用软件之间的交互过程异步进行,独立于用户与网络服务器间的交流。现在,可以用 Javascript 调用 AJAX 引擎来代替产生一个 HTTP 的用户动作,内存中的数据编辑、页面导航、数据校验这些不需要重新载入,整个页面的需求可以交给 AJAX 来执行。

使用 AJAX,可以为 ISP、开发人员、终端用户带来可见的便捷:

①减轻服务器的负担。AJAX 的原则是"按需取数据",可以最大程度地减少冗余请求和响应对服务器造成的负担。

②无刷新更新页面,减少用户心理和实际的等待时间。特别的,当要读取大量的数据的时候,不用像 Reload 那样出现白屏的情况,AJAX 使用 XMLHTTP 对象发送请求并得到服务器响应,在不重新载入整个页面的情况下用。

Javascript 操作 DOM 最终更新页面,所以在读取数据的过程中,用户所面对的不是白屏,是原来的页面内容(也可以加一个 Loading 的提示框让用户知道处于读取数据过程),只有当数据接收完毕之后才更新相应部分的内容。这种更新是瞬间的,用户几乎感觉不到。

③带来更好的用户体验。

④可以把以前一些服务器负担的工作转嫁到客户端,利用客户端闲置的能力来处理,减轻服务器和带宽的负担,节约空间和宽带租用成本。

⑤可以调用外部数据。

⑥基于标准化的并被广泛支持的技术,不需要下载插件或者小程序。

⑦进一步促进页面呈现和数据的分离。

9.8.4 谁在使用 AJAX

在应用 AJAX 开发上面,Google 当仁不让是表率。Orkut、Gmail、Google Groups、Google Maps、Google Suggest 都应用了这项技术。Amazon 的 A9.com 搜索引擎也采用了类似的技术。

微软也在积极开发更为完善的 AJAX 应用。它即将推出代号为 Atlas 的 AJAX 工具。Atlas 的功能超越了 AJAX 本身,包括整合 Visual Studio 的调试功能。另外,新的 ASP.NET 控件将使客户端控件与服务器端代码的捆绑更为简便。Atlas 客户脚本框架(Atlas Clent Script Framework)使得与网页及相关项目的交互更为便利。但 Visual Studio 2005 中并不包含此项功能。

微软最近宣布 Atlas 客户脚本框架将包含如下内容(详细资料请访问 Atlas 计划网站):

①一个可扩展的核心框架,它添加了 JavaScript 功能,如生命同时期管理、继承管理、多点传送处理器和界面管理;

②一个常见功能的基本类库,有丰富的字符串处理、计时器和运行任务;

③为 HTML 附加动态行为的用户界面框架;

④一组用来简化服务器连通和网络访问的网络堆栈;

⑤一组丰富的用户界面开发控件,如:自动完成的文本框、动画和拖放;

⑥处理浏览器脚本行为差异的浏览器兼容层面。

典型的,微软将 AJAX 技术应用在 MSN Space 上面。很多人一直都对 MS/Space 服务感到很奇怪,当提交回复评论以后,浏览器会暂时停顿一下,然后在无刷新的情况下把提交的评论显示出来。这个就是应用了 AJAX 的效果。

目前,AJAX 应用最普遍的领域是 GIS-Map 方面。GIS 的区域搜索强调快速响应,AJAX 的特点正好符合这种需求。

9.8.5 用 AJAX 改进设计

AJAX 虽然可以实现无刷新更新页面内容,但是也不是任何地方都可以用,主要应用在交互较多、频繁读数据、数据分类良好的 Web 应用中。现在,举两个例子,看看如何用 AJAX 改进你的设计。

1. 例 1:数据校验

在输入 form 表单内容的时候,通常需要确保数据的唯一性。因此,常常在页面上提供"唯一性校验"按钮,让用户点击,打开一个校验小窗口;或者等 form 提交到服务器端,由服务器判断后再返回相应的校验信息。前者,"window.open"操作本来就是比较耗费资源的,通常由"window.showModalDialog"代替,即使这样也要弹出一个对话框;后者,需要把整个页面提交到服务器并由服务器判断校验,这个过程不仅时间长而且加重了服务器负担。而使用 AJAX,这个校验请求可以由 XMLHTTPRequest 对象发出,整个过程不需要弹出新窗口,也不需要将整个页面提交到服务器,快速又不加重服务器负担。

2. 例2:按需取数据——级联菜单

以前,为了避免每次对菜单的操作引起的重载页面,不采用每次调用后台的方式,而是一次性将级联菜单的所有数据全部读取出来并写入数组,然后根据用户的操作用 JavaScript 来控制它的子集项目的呈现,这样虽然解决了操作响应速度、不重载页面以及避免向服务器频繁发送请求的问题,但是如果用户不对菜单进行操作或只对菜单中的一部分进行操作的话,那读取的数据中的一部分就会成为冗余数据而浪费用户的资源,特别是在菜单结构复杂、数据量大的情况下(比如菜单有很多级、每一级菜单又有上百个项目),这种弊端就更为突出。

现在应用 AJAX,在初始化页面时只读出它的第一级的所有数据并显示,在用户操作一级菜单其中一项时,会通过 AJAX 向后台请求当前一级项目所属的二级子菜单的所有数据,如果再继续请求已经呈现的二级菜单中的一项时,再向后面请求所操作二级菜单项对应的所有三级菜单的所有数据,以此类推……这样,用什么就取什么,用多少就取多少,就不会有数据的冗余和浪费,减少了数据下载总量,而且更新页面时不用重载全部内容,只更新需要更新的那部分即可,相对于后台处理并重载的方式缩短了用户等待时间,也把对资源的浪费降到最低。

3. 例3:读取外部数据

AJAX 可以调用外部数据,因此,可以对一些开发的数据比如 XML 文档、RSS 文档进行二次加工,实现数据整合或者开发应用程序。

9.8.6 AJAX 的缺陷

AJAX 不是完美的技术。使用 AJAX,它的一些缺陷不得不权衡一下:

①AJAX 大量使用了 JavaScript 和 AJAX 引擎,而这个取决于浏览器的支持。IE5.0 及以上、Mozilla1.0、NetScape7 及以上版本才支持,Mozilla 虽然也支持 AJAX,但是提供 XMLHttpRequest 的方式不一样。所以,使用 AJAX 的程序必须测试针对各个浏览器的兼容性。

②AJAX 更新页面内容的时候并没有刷新整个页面,因此,网页的后退功能是失效的;有的用户还经常搞不清楚现在的数据是旧的还是已经更新过的。这个就需要在明显位置提醒用户"数据已更新"。

③对流媒体的支持没有 FLASH、Java Applet 好。

④一些手持设备(如手机、PDA等)现在还不能很好地支持AJAX。

9.9 AJAX 开发

至此,读者可以清楚地知道 AJAX 是什么,AJAX 能做什么,AJAX 有哪些缺点。如果用户觉得 AJAX 真的能给你的开发工作带来改进的话,那么继续了解怎么使用 AJAX 吧。

9.9.1 AJAX 应用到的技术

AJAX 涉及到的 7 项技术中,普遍认为 Javascript、XMLHttpRequest、DOM、XML 比较有用。

1. XMLHttpRequest 对象

XMLHttpRequest 是 XMLHTTP 组件的对象,通过这个对象,AJAX 可以像桌面应用程序一样只同服务器进行数据层面的交换,而不用每次都刷新界面,也不用每次将数据处理的工作都交给服务器。这样既减轻了服务器负担又加快了响应速度、缩短了用户等待的时间。

IE5.0 开始,开发人员可以在 Web 页面内部使用 XMLHTTP ActiveX 组件扩展自身的功能,不用从当前的 Web 页面导航就可以直接传输数据到服务器或者从服务器接收数据。Mozilla1.0 以及 NetScape7 则是创建继承 XML 的代理类 XMLHttpRequest。对于大多数情况,XMLHttpRequest 对象和 XMLHTTP 组件很相似,方法和属性类似,只是部分属性不同。

XMLHttpRequest 对象初始化:

```
<script language="javascript">
var http_request = false;
//IE 浏览器
http_request = new ActiveXObject("Msxml2.XMLHTTP");
http_request = new ActiveXObject("Microsoft.XMLHTTP");
//Mozilla 浏览器
http_request = new XMLHttpRequest();
</script>
```

XMLHttpRequest 对象的方法如表 9-2 所示。

表 9-2　XMLHttpRequest 对象的方法

方法	描述
abort()	停止当前请求
getAllResponseHeaders()	作为字符串返回完整的 headers
getResponseHeader("headerLabel")	作为字符串返回单个的 header 标签
open("method","URL"[,asyncFlag[,"userName"[,"password"]]])	设置未决的请求的目标 URL、方法和其他参数
send(content)	发送请求
setRequestHeader("label","value")	设置 header 并和请求一起发送

XMLHttpRequest 对象的属性，如表 9-3 所示。

表 9-3　XMLHttpRequest 对象的属性

属性	描述
onreadystatechange	状态改变的事件触发器
readyState	对象状态(integer)： 0 = 未初始化 1 = 读取中 2 = 已读取 3 = 交互中 4 = 完成
responseText	服务器进程返回数据的文本版本
responseXML	服务器进程返回数据的兼容 DOM 的 XML 文档对象
status	服务器返回的状态码，如：404 = "文件未找到"，200 = "成功"
statusText	服务器返回的状态文本信息

2. JavaScript

JavaScript 一直被定位为客户端的脚本语言，应用最多的地方是表单数据的校验。现在，可以通过 JavaScript 操作 XMLHttpRequest，来跟数据库进行交互。

3. DOM

DOM(Document Object Model)是提供给 HTML 和 XML 使用的一组 API，提供了文件的表述结构，并可以利用它改变其中的内容和可见物。脚本语言通过 DOM 才可以跟页面进行交互。Web 开发人员可操作及建立文件的属性、方法以及事件都以对象来展现。比如，document 就代表页面对象本身。

4. XML

通过 XML(Extensible Markup Language),可以规范地定义结构化数据,使网上传输的数据和文档符合统一的标准。用 XML 表述的数据和文档,可以很容易的让所有程序共享。

9.9.2 AJAX 开发框架

这里,通过一步步的解析,来形成一个发送和接收 XMLHttpRequest 请求的程序框架。AJAX 实质上也是遵循 Request/Server 模式,所以这个框架基本的流程是:对象初始化,发送请求,服务器接收,服务器返回,客户端接收,修改客户端页面内容。只不过这个过程是异步的。

1. 初始化对象并发出 XMLHttpRequest 请求

为了让 JavaScript 可以向服务器发送 HTTP 请求,必须使用 XMLHttpRequest 对象。使用之前,要先将 XMLHttpRequest 对象实例化。之前说过,各个浏览器对这个实例化过程实现不同。IE 以 ActiveX 控件的形式提供,而 Mozilla 等浏览器则直接以 XMLHttpRequest 类的形式提供。为了让编写的程序能够跨浏览器运行,要如下编写:

```
if (window.XMLHttpRequest) { // Mozilla, Safari, ...
        http_request = new XMLHttpRequest();
    }
    else if (window.ActiveXObject) { // IE
        http_request = new ActiveXObject("Microsoft.XMLHTTP");
    }
```

有些版本的 Mozilla 浏览器处理服务器返回的未包含 XML mime-type 头部信息的内容时会出错。因此,要确保返回的内容包含 text/xml 信息。

```
http_request = new XMLHttpRequest();
http_request.overrideMimeType('text/xml');
```

2. 指定响应处理函数

接下来要指定当服务器返回信息时客户端的处理方式。只要将相应的处理函数名称赋给 XMLHttpRequest 对象的 onreadystatechange 属性就可以了。比如:

```
http_request.onreadystatechange = processRequest;
```

需要指出的是,这个函数名称不加括号,不指定参数。也可以用 JavaScript 即时定义函数的方式定义响应函数。比如:

```
http_request.onreadystatechange = function() { };
```

3. 发出 HTTP 请求

指定响应处理函数之后，就可以向服务器发出 HTTP 请求了。这一步调用 XMLHttpRequest 对象的 open 和 send 方法。

http_request.open('GET', 'http://www.example.org/some.file', true);
http_request.send(null);

open 的第一个参数是 HTTP 请求的方法，为 Get、Post 或者 Head。

open 的第二个参数是目标 URL。基于安全考虑，这个 URL 只能是同网域的，否则会提示"没有权限"的错误。这个 URL 可以是任何的 URL，包括需要服务器解释执行的页面，不仅仅是静态页面。目标 URL 处理请求 XMLHttpRequest 请求则跟处理普通的 HTTP 请求一样，比如 JSP 可以用 request.getParameter("")或者 request.getAttribute("")来取得 URL 参数值。

open 的第三个参数只是指定在等待服务器返回信息的时间内是否继续执行下面的代码。如果为 true，则不会继续执行，直到服务器返回信息。默认为 true。

按照顺序，open 调用完毕之后要调用 send 方法。send 的参数如果是以 Post 方式发出的话，可以是任何想传给服务器的内容。不过，跟 form 一样，如果要传文件或者 Post 内容给服务器，必须先调用 setRequestHeader 方法，修改 MIME 类别。例如：

http_request.setRequestHeader("Content-Type","application/x-www-form-urlencoded");

这时资料则以查询字符串的形式列出，作为 sned 的参数，例如：
name = value&anothername = othervalue&so = on

4. 处理服务器返回的信息

首先，检查 XMLHttpRequest 对象的 readyState 值，判断请求目前的状态。参照前文的属性表可知，readyState 值为 4 的时候，代表服务器已经传回所有的信息，可以开始处理信息并更新页面内容了。

```
if (http_request.readyState = = 4) {
    //信息已经返回，可以开始处理
} else {
    //信息还没有返回，等待
}
```

服务器返回信息后，还需要判断返回的 HTTP 状态码，确定返回的页面没有错误。所有的状态码都可以在 W3C 的官方网站上查到。其中，200 代表页面正常。

```
if (http_request.status = = 200) {
    //页面正常,可以开始处理信息
} else {
    //页面有问题
}
```

XMLHttpRequest 对成功返回的信息有两种处理方式:
①responseText,将传回的信息当字符串使用;
②responseXML,将传回的信息当 XML 文档使用,可以用 DOM 处理。

5. 一个初步的开发框架

总结上面的步骤,我们整理出一个初步可用的开发框架,供以后调用,将服务器返回的信息用 window.alert 以字符串的形式显示出来:

```
<script language="javascript">
    var http_request = false;
    function send_request(url) {//初始化、指定处理函数、发送请求的函数
        http_request = false;
        //开始初始化 XMLHttpRequest 对象
        if(window.XMLHttpRequest) { //Mozilla 浏览器
            http_request = new XMLHttpRequest();
            if (http_request.overrideMimeType) {//设置 MiME 类别
                http_request.overrideMimeType("text/xml");
            }
        }
        else if (window.ActiveXObject) { // IE 浏览器
        try {
            http_request = new ActiveXObject("Msxml2.XMLHTTP");
        } catch (e) {
            try {
                http_request = new ActiveXObject("Microsoft.XMLHTTP");
            } catch (e) {}
        }
        }
        if (! http_request) { // 异常,创建对象实例失败
            window.alert("不能创建 XMLHttpRequest 对象实例.");
            return false;
```

```
        }
        http_request.onreadystatechange = processRequest;
        // 确定发送请求的方式和URL以及是否同步执行下段代码
        http_request.open("GET", url, true);
        http_request.send(null);
    }
    // 处理返回信息的函数
    function processRequest() {
        if (http_request.readyState == 4) { //判断对象状态
            if (http_request.status == 200) { //信息已经成功返回,开始处理信息
                alert(http_request.responseText);
            } else { //页面不正常
                alert("您所请求的页面有异常。");
            }
        }
    }
</script>
```

9.9.3 简单的示例

接下来,利用上面的开发框架来做两个简单的应用。

1. 数据校验

在用户注册的表单中,经常碰到要检验待注册的用户名是否唯一。传统的做法是采用 window.open 的弹出窗口,或者 window.showModalDialog 的对话框。不过,这两个都需要打开窗口。采用 AJAX 后,采用异步方式直接将参数提交到服务器,用 window.alert 将服务器返回的校验信息显示出来。代码如下。

在<body></body>之间增加一段 form 表单代码:

```
<form name="form1" action="" method="post">
  用户名:<input type="text" name="username" value=""> 
  <input type="button" name="check" value="唯一性检查" onClick="userCheck()">
  <input type="submit" name="submit" value="提交">
</form>
```

在开发框架的基础上再增加一个调用函数:

```
function userCheck() {
    var f = document.form1;
    var username = f.username.value;
    if(username = = "") {
        window.alert("用户名不能为空。");
        f.username.focus();
        return false;
    }
    else {
        send_request('sample1_2.jsp? username = ' + username);
    }
}
```

看看sample1_2.jsp的作用：

```
<%@ page contentType = "text/html; charset = gb2312" errorPage = "" %>
<%
String username = request.getParameter("username");
if("educhina".equals(username)) out.print("用户名已经被注册,请更换一个用户名。");
else out.print("用户名尚未被使用,您可以继续。");
%>
```

运行一下,没有弹出窗口,没有页面刷新,跟预想的效果一样。如果需要的话,可以在sample1_2.jsp中实现更复杂的功能。最后,只要将反馈信息显示出来即可,如图9-23和图9-24所示。

图9-23 输出信息

图9-24 输出信息

2. 级联菜单

接下来,演示一下如何"按需取数据"。首先,在\<body\>\</body\>中间增加如下 HTML 代码:

```
<table width = "200" border = "0" cellspacing = "0" cellpadding = "0">
    <tr>
        <td height = "20">
            <a href = "javascript:void(0)" onClick = "showRoles('pos_1')">经理室</a>
        </td>
    </tr>
    <tr style = "display:none">
        <td height = "20" id = "pos_1"> </td>
    </tr>
    <tr>
        <td height = "20">
            <a href = "javascript:void(0)" onClick = "showRoles('pos_2')">开发部</a>
        </td>
    </tr>
    <tr style = "display:none">
        <td id = "pos_2" height = "20"> </td>
    </tr>
</table>
```

在框架的基础上增加一个响应函数 showRoles(obj):

```
//显示部门下的岗位
function showRoles(obj) {
    document.getElementById(obj).parentNode.style.display = "";
    document.getElementById(obj).innerHTML = "正在读取数据...";
    currentPos = obj;
    send_request("sample2_2.jsp?playPos = " + obj);
}
```

修改框架的 processRequest 函数:

```
//处理返回信息的函数
function processRequest() {
```

```
    if (http_request.readyState = = 4){ //判断对象状态
     if (http_request.status = = 200){ //信息已经成功返回,开始处理
信息
    document.getElementById(currentPos).innerHTML = http_request.re-
sponseText;
       } else{ //页面不正常
        alert("您所请求的页面有异常。");
       }
     }
   }
```

最后就是 smaple2_2.jsp:

```
<%@ page contentType = "text/html; charset = gb2312" errorPage = "" %>
<%
String playPos = request.getParameter("playPos");
if("pos_1".equals(playPos))
   out.print("  总经理<br>  副总经理");
else if("pos_2".equals(playPos))
   out.println("  总工程师<br>  软件工程师");
%>
```

运行一下看看效果,如图 9-25 所示:

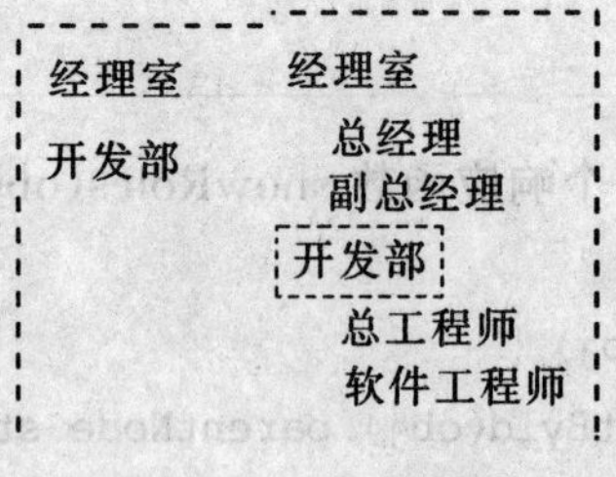

```
经理室    经理室
开发部    总经理
         副总经理
         开发部
         总工程师
         软件工程师
```

图 9-25 进行结果

至此,一个简单的 AJAX 实例就完成了。

第 10 章

PHP 编程语言基础

10.1 PHP 概述

10.1.1 PHP 历史

PHP 是一种与现在较为流行的 ASP 类似的技术，它是一种服务器端的脚本语言，可以通过在 HTML 网页中嵌入 PHP 的脚本语言，来完成与用户的交互以及访问数据库等功能。PHP 的全名是一个递归的缩写名称，"PHP：Hypertext-Preprocessor"。PHP 是一种 HTML 内嵌式的语言（类似 IIS 上的 ASP）。而 PHP 独特的语法混合了 C、Java、Perl 以及 PHP 式的新语法。它可以比 CGI 或者 Perl 更快速地执行动态网页。

PHP 最初是在 1994 年 RasmusLerdorf 开始计划发展。在 1995 年以 PersonalHomePageTools（PHPTools）开始对外发表第一个版本。在早期的版本中，提供了访客留言本、访客计数器等简单的功能。随后在新的成员加入开发行列之后，在 1995 年中第二版的 PHP 问市。第二版定名为 PHP/FI（FormInterpreter）。PHP/FI 并加入了 mSQL 的支持，自此奠定了 PHP 在动态网页开发上的影响力。在 1996 年底，有一万五千个 Web 网站使用 PHP/FI；在 1997 年中，使用 PHP/FI 的 Web 网站成长到超过五万个。而在 1997 年中，开始了第三版的开发计划，开发小组加入了 ZeevSuraski 及 AndiGutmans，而第三版就定名为 PHP3。

PHP3 跟 Apache 服务器紧密结合的特性；加上它不断的更新及加入新的功能；并且它几乎支持所有主流与非主流数据库；再以它高速的执行效率，使得 PHP 在 1999 年中的使用网站超过了十五万！它的源代码完全公开，在 OpenSource 意识抬头的今天，它更是这方面的中流砥柱。不断地有新的函数库加入，以及不停地更新的活力，使得 PHP 无论在 UNIX 或是 Win32 的平台上都可以有更多新的功能。它提供丰富的函数，使得在程序设计方面有着更好的支持。

PHP 的第四代 Zend 核心引擎在 Web 市场大获全胜。整个脚本程序的核心大幅改动，让程序的执行速度，满足更快的要求。在最佳化之后的效率，已较传统 CGI 或者 ASP 等程序有更好的表现。而且还有更强的新功能、更丰富的函数库。

期待已久的最新版本 PHP5 终于在 2004 年 7 月 13 日正式发布。无论对于

PHP 语言本身还是 PHP 的用户来讲，PHP5 发布都算的上是一个里程碑式的版本。在 PHP5 发布之前的各个 PHP 版本就以简单的语法、丰富的库函数以及极快的脚本解释执行速度，赢得了许多开发者的青睐，几乎成了 UNIX 平台上首选的 Web 开发语言。然而，站在语言本身角度，PHP 的语法，特别是 OO 方面的语法设计并不完善，当然这和 PHP 语言的作者一开始的设计目的有关。众说周知，PHP 最开始只是一个用 Perl 写成的一个模板系统，其后的发展思路也是尽可能为快速开发 Web 程序提供方便。大量的库函数加入其中，而语言模型的发展则相对缓慢。虽然在 PHP4 中加入了面向对象的设计，但其语言模型并不完善，缺乏诸如构造函数、析构函数、抽象类(接口)、异常处理等基本元素。这极大限制了利用 PHP 来完成大规模应用程序的能力。而 PHP5 的诞生，则从根本上改变了 PHP 的上述弊端。ZendII 引擎的采用、完备对象模型、改进的语法设计。终使得 PHP 成为一个设计完备、真正具有面向对象能力的脚本语言。无论您接不接受，PHP 都将在 WebCGI 的领域上，掀起巅覆性的革命。对于一位专职 WebMaster 而言，它将也是必修课程之一。

10.1.2 PHP 的工作原理

PHP 的所有应用程序都是通过 Web 服务器(如 Apache 或 IIS)和 PHP 引擎程序解释执行完成的，工作过程如下：

①用户在浏览器地址中输入要访问的 PHP 页面文件名，然后回车就会触发这个 PHP 请求，并将请求传送至支持 PHP 的 Web 服务器。

②Web 服务器接受请求，并根据其后缀进行判断。如果是一个 PHP 请求，Web 服务器从硬盘或内存中取出用户要访问的 PHP 应用程序，并将其发送给 PHP 引擎程序。

③PHP 引擎程序将会对 Web 服务器传送过来的文件从头到尾进行扫描并根据命令从后台读取，处理数据，并动态地生成相应的 HTML 页面。

④PHP 引擎将生成 HTML 页面返回给 Web 服务器。

⑤Web 服务器再将 HTML 页面返回给客户端浏览器。

10.2 PHP 入门

PHP 之所以能得到广大用户的喜爱，是因为它包含以下主要特点：

(1)强大的数据库操作功能

PHP 可以直接连接多种数据库，并完全支持 ODBC。PHP 目前所支持的数据库有 Adabas D、DBA、dBase、dbm、filePro、Informix、InterBase、mSQL、

Microsoft SQL Server、MySQL、Solid、Sybase、ODBC、Oracle8、PostgreSQL。

(2) 开放源代码

开放源代码指的不仅仅是 PHP 应用程序的源代码，比如留言板、聊天室等，而且还包括 PHP 本身的源代码。也就是说，如果有兴趣可以从网上找到 PHP 源代码进行编译和运行，来得到最后的执行程序。当然，如果有必要，也可以根据要求修改它。

(3) 无运行费用

PHP 是免费的。从性能上，它丝毫不比 ASP 等商业工具差，但它却无需任何运行费用。而且，可以配置其他的免费工具，如个人主页发布工具 Apache、大型数据库 MySQL。这样不需要任何支出就拥有一个专业的网页服务器。

(4) 基于服务器端

PHP 运行在 Web 服务器端，PHP 程序可以很大、很复杂，但它的运行速度只和服务器的速度有关，它发送到客户端的只是程序执行的结果，对客户端的运行速度不会产生直接的影响。

(5) 良好的可移植性

PHP 语言所编写的应用程序的可移植性非常好，可以几乎不加修改地运行在多种操作系统上，如 Windows98/NT/2000/XP、UNIX、Linux、Solaris 等。

(6) 简单的语言

PHP 语言以 Java、C 和 Perl 为基础，虽然只用到了它们的基本功能，但却综合了它们的长处，使得 PHP 语言很容易学习，并且功能也强大到足以支持任何 Web 站点。

(7) 执行效率高

和其他的 CGI 语言相比，PHP 语言所消耗的系统资源较少，而执行的速度较快，因此，它的执行效率很高。

10.2.1 一个简单的 PHP 程序

在经典名著《The C Programming Language》一书中的"Hello World"几乎已经变成了所有程序语言的第一个范例。因此，在这里也用 PHP 编写最基本的"Hello World"程序。

```
<html>
<head><title>TheFirstPHPProgram</title></head>
<body>
<?php
echo "Hello,World\n";
```

?＞
</body></html>

以上程序在 PHP 中不需要经过编译等复杂的过程,只要将它放在配置好的可执行 PHP 语法的服务器中(c:\AppServ\www),存成文件 hello.php 即可。在用户的浏览器端,只要在地址栏中输入"http://127.0.0.1/hello.php",就可以在浏览器中看到"Hello,World"字符串出现,如图 10-1 所示。

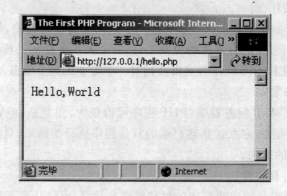

图 10-1 "Hello World"程序结果

可以看到,源程序只有 3 行有用,它们是第 4 行到第 6 行。其他 4 行都是标准的 HTML 代码。而它在返回浏览器时和 JavaScript 或 VBScript 完全不一样。JavaScript 或 VBScript 是在客户端执行的,而 PHP 的程序没有传到浏览器,在浏览器上看到的只是 PHP 程序的执行结果,即短短的"Hello,World"几个字。

第 4 行的"＜?php"及第 6 行的"?＞",分别是 PHP 的开始及结束的嵌入符号,第 5 行才是服务器端执行的程序代码。在这个例子中,"\n"和 C 语言中的作用相同,代表换行的意思。echo 表示输出字符串。PHP 是混合多种语言而成的,而 C 语言正是其中含量最多的语言,如 PHP 采用 C 语言的做法,在一个表达式结束后,要加上分号代表结束。

10.2.2 PHP 代码在 HTML 中的嵌入形式

从上面的例子可以看到 PHP 代码和 HTML 代码经常混合在一起。这一点是前面反复说明过的。在混用过程中,需要把 PHP 代码和 HTML 代码加以区分,否则,PHP 解释器将无法判断要解释的代码。

要在 HTML 中嵌入 PHP,有以下几种方法:
＜? echo("这是一个 PHP 语言的嵌入范例\n");?＞
＜?phpecho("这是第 2 个 PHP 语言的嵌入范例\n");?＞

```
<scriptlanguage="php">
echo("这是类似JavaScript及VBScript语法的PHP语言嵌入范例");
</script>
    <%echo("这是类似ASP嵌入语法的PHP范例");%>
```

其中第1种及第2种是最常用的两个方法,即在小于号后加上问号,两者的区别是在前面的"<?"后,是否有PHP字符。在"<?php"之后的就是PHP的程序代码。在程序代码结束后,加入问号和大于号两个符号即可结束PHP的代码了。

第3种方法对熟悉Netscape服务器产品的网页管理人员而言,有相当的亲切感,它是类似JavaScript的写作方式。而对于从WindowsNT/2000平台的ASP投向PHP的用户来说,第4种方法更熟悉,只要用PHP3.0.4或更高版本的服务器都可以用"<%"开始,"%>"结束,但是建议不要使用这种方法,因为当PHP与ASP代码混用时将造成混乱。

PHP允许使用如下的结构:

```
<?phpif($expression){
?>
<strong>Thisistrue.</strong>
<?php
}else{
?>
<strong>Thisisfalse.</strong>
<?php
}
?>
```

可以看到,在该程序中,PHP与HTML代码充分地融合到了一起,这种写法对方便HTML的书写具有非常重要的意义,用户无需将HTML代码用echo来输出,而只需将HTML代码原样写出。

1. PHP语句分隔

与C语言相同,PHP的语句声明之间是用分号分隔的,例如:

```
<?php
echo "Thefirstline<br>";
echo "Thesecondline<br>";
?>
```

在以上两句中,每句结束都使用了分号。如果语句声明是PHP代码的最后一行,也就是说它后面是PHP代码结束标记,这时也可以不加分号,这是因为它

后面再没有语句了,也就没有必要分隔,例如:
<?php
echo"Thisisatest";
?>
和
<?php
echo"Thisisatest"?>

建议不要使用此种方法,因为如果在最后一行后面粘贴或加入新的语句时,如果忘记添加分号,会造成语法错误。

2. 程序注释

在 PHP 程序中,加入注释的方法很灵活。可以使用 C 语言、C++语言或 Unix 的 Shell 语言的注释方式,也可以混合使用。这可以让每个 PHP 程序员使用属于自己的写作风格的注释。

具体可以使用以下几种注释形式:
①使用//注释程序。
②使用/*…*/注释程序。
③使用#注释程序。例如:

<?php
echo"第 1 种例子。\n";//本例是 C++语法的注释单行注释
echo"第 2 种例子。\n";/*本例采用多行注释可以自由换行*/
echo"第 3 种例子。\n";#本例使用 UnixShell 语法注释
?>

其中经常采用的注释方式是//的单行注释和/*…*/的多行注释方式。在使用多行注释时,要避免使注释陷入递归循环中,否则会引起错误。下面的实例就使/*…*/符号陷入了嵌套循环中。

<?php
echo"HelloWorld\n";
/*
后面的一句嵌套的注释引起了问题/*递归注释会引起问题*/
*/
?>

如果想让该代码正常运行,就需要删除嵌套的注释"/*递归注释会引起问题*/"部分。

10.2.3 引用文件

PHP 最吸引人的特色之一就是它的引用文件功能。用这个方法可以将常用的功能写成一个函数,放在文件之中,引用该文件之后就可以调用这个函数。

引用文件的方法有两种:require 和 include。两种方式各有不同的使用特性。require 的使用方法如下:

```
require("MyRequireFile.php");
```

这个函数通常放在 PHP 程序的最前面,PHP 程序在执行前,会先读入 require 所指定引入的文件,使它变成 PHP 程序的一部分。常用的函数也可以用这个方法将它引入程序中。

include 使用方法如下:

```
include("MyIncludeFile.php");
```

这个函数一般是放在流程控制的处理部分。PHP 程序在读到 include 的文件时,才将它读进来。这种方式,可以使程序执行时的流程简明易懂。

10.3 PHP 的数值类型和运算符

10.3.1 数值类型

在任何一种编程语言中,不管是常量还是变量,都属于某一种数值类型。不同类型的数值的操作是不一样的,如让两个字符串相乘是不可能的。下面将介绍 PHP 语言中的数值类型。数值常表示为"等于"或实际代码的形式。例如,在源代码程序中像 25.5 这样的数值,它指的是二十五点五,而不是指"2"、"5"、"."、"5"这 4 个字符。可以用同样方式来表示文本,比如"WillSmith"(注意双引号)表示由 10 个字符组成的字符串。因为这 10 个字符用双引号引起来,所以它们只能是一个字符串数值。

PHP 支持八种原始类型。四种标量类型:布尔型(boolean)、整型(integer)、浮点型(float)(浮点数,也作"double")和字符串(string)。两种复合类型:数组(array)和对象(object)。最后是两种特殊类型:资源(resource)和 NULL。

在浮点型中,double 和 float 是相同的,由于一些历史的原因,这两个名称同时存在。变量的类型通常不是由程序员设定的,确切地说,是由 PHP 根据该变量使用的上下文在运行时决定的,使用之前无需声明。例如:

```
<?php
$bool = TRUE;//一个布尔型数值
```

```
$str="foo";//一个字符串型数值
$int=12;//一个整型数值
?>
```

可以看到三个变量均未定义类型,直接赋值,根据赋值的情况,就可以得出变量的类型。

1. 布尔型

布尔型是最简单的类型。boolean 表达了真值,可以为 TRUE 或 FALSE。要指定一个布尔值,使用关键字 TRUE 或 FALSE,它们对大小写不敏感。

```
<?php
$foo=True;//将 true 值赋给$foo
?>
```

以下值被认为是 FALSE:

- 布尔值 FALSE;
- 整型值 0(零);
- 浮点型值 0.0(零);
- 空白字符串和字符串"0";
- 没有成员变量的数组;
- 没有单元的对象;
- 特殊类型 NULL(包括尚未设定的变量)。

所有其他值都被认为是 TRUE(包括任何资源)。

2. 整型

一个 integer 是集合 $Z=\{\cdots,-2,-1,0,1,2,\cdots\}$ 中的一个数。整型值可以用十进制、十六进制或八进制符号指定,前面可以加上可选的符号(-或者+)。如果用八进制符号,数字前必须加上 0(零),用十六进制符号数字前必须加上 0x。

例如:

```
<?php
$a=1234;//十进制数
$a=-123;//一个负数
$a=0123;//八进制数(等于十进制的 83)
$a=0x1A;//十六进制数(等于十进制的 26)
?>
```

3. 浮点型

浮点数(也叫"floats","doubles"或"realnumbers")可以用以下任何语法定义:

```php
<?php
$a = 1.234;
$a = 1.2e3;
$a = 7E-10;
?>
```

4. 字符串

字符串可以用三种字面上的方法定义。

(1) 单引号

指定一个简单字符串的最简单的方法是用单引号(')引起来。要表示一个单引号，需要用反斜线(\)转义。如果在单引号之前或字符串结尾需要出现一个反斜线，需要用两个反斜线表示。

注意：如果试图转义任何其他字符，反斜线本身也会被显示出来，所以通常不需要转义反斜线本身。

```php
<?php
echo 'this is a simple string';
echo 'You can also have embedded newlines in strings this way as it is
okay to do';
echo 'Arnold once said: "I\'ll be back"'; //输出：Arnold once said: "I'll be back"
echo 'You deleted C:\\ *.*?'; //输出：You deleted C:\ *.*?
echo 'You deleted C:\ *.*?'; //输出：You deleted C:\ *.*?
echo 'This will not expand: \n a newline'; //输出：This will not expand: \n a newline
echo 'Variables do not $expand $either'; //输出：Variables do not $expand $either
?>
```

(2) 双引号

如果用双引号(")引起字符串，PHP 懂得更多特殊字符的转义序列，如表10-1所示。

表10-1 转义字符

序列	含义
\n	换行(LF 或 ASCII 字符 0x0A(10))
\r	回车(CR 或 ASCII 字符 0x0D(13))

续表 10-1

序列	含义
\t	水平制表符(HT 或 ASCII 字符 0x09(9))
\\	反斜线
\$	美元符号
\"	双引号
\[0-7]{1,3}	此正则表达式序列匹配一个用八进制符号表示的字符
\x[0-9A-Fa-f]{1,2}	此正则表达式序列匹配一个用十六进制符号表示的字符

此外,如果试图转义任何其他字符,反斜线本身也会被显示出来。双引号字符串最重要的一点是其中的变量名会被变量值替代。

(3) 定界符

另一种给字符串定界的方法是使用定界符语法("<<<")。应该在"<<<"之后提供一个标识符,接着是字符串,然后是同样的标识符结束字符串。结束标识符必须从行的第一列开始。同样,标识符也必须遵循 PHP 中其他任何标签的命名规则:只能包含字母、数字、下划线,而且必须以下划线或非数字字符开始。

很重要的一点必须指出,结束标识符所在的行不能包含任何其他字符(分号(;)除外)。这意味着该标识符不能被缩进,而且在分号之前和之后都不能有任何空格或制表符。同样重要的是要意识到在结束标识符之前的第一个字符必须是操作系统中定义的换行符。例如在 Macintosh 系统中是\r。如果破坏了这条规则使得结束标识符不"干净",那么它不会被视为结束标识符,PHP 将继续寻找下去。如果在这种情况下找不到合适的结束标识符,将会导致在脚本最后一行出现语法错误。

5. 数组

数组(array)就是把一系列数字或字符串作为一个单元来处理。数组中的每一个信息都被认为是数组的一个元素。例如,可以用数组存储一个文件中的所有行或者存储一个地址列表。

数组变量可以是一维、二维、三维或者多维,其中的元素非常自由,可以是字符型、整型或者浮点型,甚至可以是另外一个数组。

PHP 中,数组变量的命名规则同样非常自由,只要不用数字作为数组变量名的第一个字符,并且在创建数组名时只使用数字、字母和下划线,PHP 就认为是合法的数组变量名。

数组元素有三种方法设置初始值。第一种是对每一个元素分别赋值。例如:

$arr_location['beijing'] = '北京';
$arr_location['shanghai'] = '上海';
$arr_location['other'] = '其他地点';

第二种是利用 array()函数同时对多个元素赋值,例如:

$ar_location = array(
'beijing' => '北京',
'shanghai' => '上海',
'other' => '其他地点'
);

第三种,也是最快的方法,就是简单地在数组的下一个空余位置上增加一个元素,PHP 会默认第一个位置的元素下标为 0,第二个位置是 1,依次类推。例如,下面的代码给 $arr_ages 数组增加了三个元素,这三个元素的下标分别为 0、1 和 2 (假设这个数组没有其他元素存在)。

$arr_ages[] = '18-20';
$arr_ages[] = '21-25';
$arr_ages[] = '26-30';

同时也可以使用如下的方法快速地对数组变量赋值:

$arr_ages = array("18-20","21-25","26-30");

如果希望数组元素的下标从"1"开始,则需要使用如下方法:

$arr_ages = array(0 => "","18-20","21-25","26-30");

或

$arr_ages = array(1 => "18-20","21-25","26-30");

则这三个元素的下标分别为 1、2 和 3。实际上,可以利用符号"=>"来更加灵活地指定数组元素的下标,下面的例子就混合使用了几种赋值方法。

$arr_mixed = array(
1,
234,
'Jack' => '23FirstLane',
'Rebecca'
);

arr_mixed 数组的数组元素下标分别是 0、1、Jack 和 2。如果数组元素的下标没有给定,PHP 就自动提供一个。默认的数组元素下标是从 0 开始的,以后当数组下标没有赋值时默认值每次加 1。

在介绍了如何给数组元素赋值之后,下面讨论一下如何获取这些变量值。希望调用数组名为"arr_location",且下标为"beijing"的变量值时,可以使用以下方法。

$key = ´beijing´;

$string = $arr_location[$key];

这两行代码运行以后,$string 的值变为"北京"。同时也可以用文本字符串来指定数组元素的下标值。例如:

$string = $arr_location[beijing];

这条语句执行的结果与上面的结果相同。再使用刚才建立的 $arr_mixed 数组进行一下讨论。下面的例子显示 PHP 是如何按照需要,把数字数据类型自动转换成字符数据类型的。在以下的代码行中,数组下标被初始化成字符串。

$kye = ´1´;

echo $arr_mixed[$key];

这两行代码将显示"234",因为 arr_mixed 数组的数组元素下标分别是 0、1、Jack 和 2,现在取出的数组元素是 $arr_mixed[1],就是"234"。这个例子表明了 PHP 可以根据需要自动地把字符串'1'转换成数值 1。

对于大多数程序来说,仅有一个简单的数值列表是远远不够的。多维数组提供了一个极其灵活的数据结构,每一个数组元素均可以包含另外一个数组。但是过于复杂的多维数组会增加程序的复杂性,因此并不推荐过多使用多维数组,至少不要使用三维或三维以上的数组。

6. 对象

类和对象是 PHP 中相对比较难理解的概念,对于初学者,尤其是没有面向对象编程经验的读者来说,具有一定难度。

7. 资源

资源是一种特殊变量,保存了到外部资源的一个引用,从 PHP4 开始资源类型被正式引入。资源是通过专门的函数来建立和使用的,可以用 is_resource() 函数测定一个变量是否是资源,函数 get_resource_type() 则返回该资源的类型。相关内容请参考《PHP 手册》官方版本。

8. NULL

特殊的 NULL 值表示一个变量没有值,从 PHP4 开始 NULL 类型被正式引入。NULL 类型只有一个值,就是大小写敏感的关键字 NULL,例子如下:

```
<?php
$var = NULL;
?>
```

在下列情况下一个变量被认为是 NULL：被赋值为 NULL。
- 尚未被赋值。
- 被 unset()。

10.3.2 常量

常量就是从声明开始，值一直不变的量。PHP 定义了一些常量，而且提供函数让用户自己定义常量，比如可以使用 define() 函数来定义一个常量。需要注意的是，常量一旦定义之后，它的值就不能改变了。常量包括 PHP 预定义常量和用户自定义常量两种。

1. PHP 预定义常量

PHP 预定义常量是 PHP 预先已经定义的常量。它可以直接在程序中使用而不用事先声明。表 10-2 列出了常用的 PHP 预定义常量。注意区分大小写。

表 10-2　PHP 预定义常量

名称	含义
FILE	PHP 文件名，若引用文件（使用 include() 或 require() 函数），则在引用文件内的该常量为引用文件名，而不是引用它的文件名
LINE	PHP 脚本行数，若引用文件（使用 include() 或 require() 函数），则在引用文件内的该常量为引用文件的行数，而不是引用它的文件行数
PHP_VERSION	PHP 程序的版本，如"5.0.1"
PHP_OS	执行 PHP 解释器的操作系统名称，如"WINNT"
TRUE	真值（true）
FALSE	伪值（false）
E_ERROR	指向最近的错误处
E_WARNING	指向最近的警告处
E_PARSE	剖析语法有潜在问题的地方
E_NOTICE	发生不正常现象但不一定是错误的地方，如存取一个不存在的变量

关于更多的 PHP 预定义常量名称及含义，请参考《PHP 手册》官方版本。下面的实例中使用了 _ _FILE_ _ 和 _ _LINE_ _ 两个常量，注意每个下划线占两个英文字符，是"_"而不是"-"。

hello.php

<?php

```
functionreport_error($file,$line,$message){
echo "Anerroroccurredin$fileonline$line:$message.";


}
//下一句使用_FILE_获取文件名称,_LINE_获取错误所在的行数
report_error(_ _FILE_ _,_ _LINE_ _,"Somethingwentwrong!");
?>
```

这个程序将输出错误所在的行数以及错误信息,如图10-2所示。

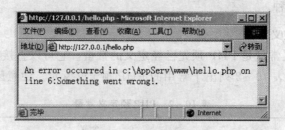

图10-2 错误信息

2. 用户定义常量

在写程序时,以上的PHP预定义常量是不够用的。define()的功能可以自行定义所需要的常量。见下例:

```
define.php
<?php
define("COPYRIGHT","Copyright&copy;2005,XinfeiStudio");
echoCOPYRIGHT;
?>
```

这个程序片段输出用户定义的常量,如图10-3所示。

图10-3 用户定义常量

10.3.3 变量

在前面章节的学习中,读者可能已经发现我们在不时地接触着变量,本节将详细讨论变量的概念及应用。

变量与常量相比而言,它的值可以变化。变量的作用就是存储数值,一个变量具有一个地址,这个地址中存储变量数值信息。在 PHP 中可以改变变量的类型,也就是说 PHP 变量的数值类型可以根据环境的不同而做调整。PHP 中的变量同样分为预定义变量和自定义变量。

1. 预定义变量

预定义变量是指 PHP 内部定义的变量。PHP 提供了大量的预定义变量。这些预定义变量可以在 PHP 脚本中被调用,而不需要进行初始化。但是有一点需要注意,这些预定义变量并不是不变的,它们随着所使用的 Web 服务器以及系统的不同而不同,包括不同版本的服务器。

预定义变量分为三个基本类型:与 Web 服务器相关变量、与系统相关的环境变量以及 PHP 自身预定义变量。这里不再列出具体的预定义变量,用户可以利用 phpinfo()函数来查看自己系统下的预定义变量,具体使用的时候必须考虑服务器对变量是否支持。下面是查看的脚本:

info.php

<?phpphpinfo()?>

通过 phpinfo()函数,用户就可以对自己可用的预定义变量有一个详细的了解。图 10-4 列出了 Apache 服务器所支持的预定义变量。

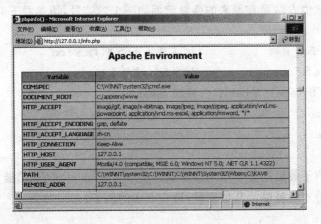

图 10-4 phpinfo 页面中对 Apache 预定义变量的描述表格

2. 自定义变量的初始化

PHP 中的变量由一个美元符号"＄"和其后面的字符组成,字符是区分大小写的,例如＄Var 和＄var 是两个不同的变量。变量的命名遵循 PHP 的命名规则。可以用正则表达式表示为:

´[a-zA-Z_\x7f-\xff][a-zA-Z0-9_\x7f-\xff]*´

这个正则表达式表示:变量的第 1 个字符必须是下划线或者字母,后面可以跟数字、字母或者下划线。变量中字符的长度没有特别的限制,一般不会太长。其中[]内部的字符表示取其中之一,a-z 表示从 a 到 z 的所有小写英文字母,A-Z 以此类推。\x7f-\xff 表示 ASCII 码从 127 到 255 的所有字符。所以第 1 个[]的意思就是变量可以以小写的英文字母、大写的英文字母、下划线或者 ASCII 码从 127 到 255 的字符开始。第 2 个[]的意思以此类推。下面是初始化变量的例子:

```
＄var = "Jack";
＄Var = "Mike";
echo "＄var,＄Var";        //输出"Jack,Mike"

＄4site = ´notyet´         //非法的变量名,以数字开头,无法正常运行
＄_4site = ´notyet´        //合法的变量名,以下划线开头,可以正常运行
```

PHP4.0 版本以上有一种特殊的赋值方法,就是传递变量的方法。这种方法把两个变量关联起来,它们的值同时发生变化,改变一个变量的值也会影响另外一个,反之亦然。实际上就是两个变量同时指向一个存储地址。这种赋值方法的优点是加快了速度。但是只有在很长的循环或者赋很大的值时其优点才能体现出来。具体的赋值方法是在原来的变量前面加一个"&"号,请参看下面的例子:

```
<?php
＄foo = ´Bob´;              //把字符串´bob´赋给＄foo
＄bar = &＄foo;             //把＄foo 赋给＄bar
＄bar = "Mynameis＄bar";    //改变＄bar 的值
echo ＄foo;                 //＄foo 也随之改变
echo ＄bar;
?>
```

上面的例子最后的显示结果会显示两次"MynameisBob"。需要注意的是只有被命名的变量才能被赋给其他变量,请看下面的例子:

```
<?php
＄foo = 25;
＄bar = &＄foo;             //合法
```

```
$bar = &(24 * 7);        //不合法,把一个表达式赋给了变量
functiontest(){
ruturn25;
}
$bar = &test();          //不合法,把一个函数赋给了变量
?>
```
程序执行会出现错误信息。

3. 变量的范围

变量的范围取决于该变量在上下文中的位置。如果在一个 PHP 脚本中声明一个变量,那么它可以应用于整个文件(函数内部除外),也可以应用于 PHP 脚本在 include 或 require 函数中所包含的文件。可以认为它是全局的。例如:

```
$a = 1;
include"b.inc";
```

由于 $a 变量在 include() 函数前面声明,所以在 include() 函数所包含的文件 b.inc 中也可以访问变量 $a,且其值为 1。

在函数中声明的变量一般来说在调用函数结束后就会消失,所以不能在函数外被调用;另一方面在函数外声明的变量也不能在函数内部访问。例如:

```
$a = 1;                  //全局变量
functiontest(){
echo $a;                 //指的是函数内部的变量 $a
}
test();
```

这段脚本不会显示出任何结果,因为函数内部并不能访问函数外声明的变量。上面的限制不是绝对的。要在函数内部访问一个函数外声明的变量,只需要在函数内部声明 global 即可。举例如下:

```
$a = 1;
$b = 2;
functionsum(){
global $a, $b;
$b = $a + $b;}
sum();
echo $b;
```

上面这段脚本运行的结果显示"3"。因为在函数的开始使用 global 声明了变量 $a 和 $b,使它们成为全局变量,所以函数内部同样是它们的作用范围,也就是说可以在函

数内部访问它们。另外还有一种方法可以达到相同的结果。请看下面的例子：

$a=1;
$b=2;
functionsum(){
$GLOBALS["b"] = $GLOBALS["a"] + $GLOBALS["b"];

}sum();echo $b;

上面的程序和前面的结果是一样的，都会显示出"3"。它使用了$GLOBALS["变量名"]的方法，这样变量就可以被认为是全局的。$GLOBALS是一个关联数组。它以变量的名字为关键字，以变量值为对应的值，使用起来也很方便。熟悉C语言的用户会发现，在这方面PHP和C是不同的。C语言中，在函数内部也可以访问在函数外声明的全局变量；在PHP中必须在函数开始处用global声明。这样可以避免用户不经意间改变全局变量的值。凡是有编程经验的人都知道，这种错误在调试阶段是很难被发现的，这种错误经常给程序员带来很大的麻烦。PHP就可以避免发生这样的错误。

如果要延续函数汇总变量的生命，换句话说，也就是将函数中的变量不会因为函数的执行终了而死亡，这样的变量称为静态变量。例子如下：

<?php
functiontest(){
static $a=1;
$a++;
echo"
$a";
}test();test();test();
?>

例子中的static $a=1是表示声明变量$a为一个静态变量，并且给定初始值为1，也就是$a的值不会因为test()函数的执行终了而消失，所以在第2次执行test()函数时，$a++会将$a在上次test()函数中最后的值加1，也就是2,同样地，第3次执行时，$a的值变成了3。程序结果如图10-5所示。

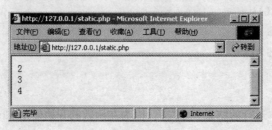

图10-5 静态变量运行示例

需要注意的是 static＄a=1 只会执行一次,并不会每次执行 test()时就重新声明和设置一次。

4. 活动变量

PHP 的活动变量使用起来非常方便。活动变量是指一个变量的变量名也是一个变量。请看下面语句：

＄a="hello";

＄＄a="world";

第 1 个语句把字符串"hello"赋给变量＄a,然后利用变量＄a 的值,定义了一个新变量并为其赋值为"world"。＄＄a 就是一个活动变量。

echo"＄a＄{＄a}";

此时输出"helloworld"这个字符串。在使用活动变量时有一点需要注意,在有的情况下一个变量可能有两种或多种理解方法,这时需要借助括号来消除歧义。例如,＄＄a[1]可以理解为以变量＄a[1]为变量名的活动变量,也可以理解为活动变量＄＄a 的某一个元素[1]。要表达上面两种情况,可以使用{ },这两种情况分别为＄{＄a[1]}和{＄＄a}[1]。

5. 外界 PHP 变量

外界 PHP 变量指通过其他途径传递给 PHP 文件的变量,而不是在 PHP 文件中定义的变量。例如,HTML 表单元素的值可以通过外界 PHP 变量传递给 PHP 文件。

(1)HTML 表单(GET 和 POST)

HTML 表单在 HTML 中应用非常广泛,它向浏览器中输出一些选择项目或者需要用户填写的空白项目。用户填写完毕后,单击"提交"按钮把表单发送出去,然后根据表单中的设定由适当的文件对表单的内容做处理。当表单被提交给 PHP 脚本时,该表单中的所有变量都会自动转变为 PHP 可用的格式。例如下面的程序段,它让用户填写 name 并提交：

＜formaction="foo.php"method="post"＞Name:＜inputtype="text"name="name"＞＜br＞

＜inputtype="submit"＞

＜/form＞

提交时 PHP 将创建变量＄name,该变量中将存放任何在表单中输入到 name 中的内容。同样 PHP 也能理解表单变量形式的数组。例如,可以将相关的数组组合到一个组中或者利用该特性对多重选定的输入进行检索。下面的例子是上一个例子的扩展,更复杂一点,它让用户填写 name、email 和 beer 等内容。

```
<formaction="array.php"method="post">
Name:<inputtype="text"name="personal[name]"><br>Email:<inputtype="text"name="personal[email]"><br>Beer:<br>
<selectmultiplename="beer[]">
<optionvalue="warthog">Warthog
<optionvalue="guinness">Guinness
</select>
<inputtype="submit">
</form>
```

(2)IMAGESUBMIT 变量名

当提交一个表单时，也可以使用图像来代替标准的提交按钮。例如：

```
<inputtype=imagesrc="image.gif"name="sub">
```

当单击该图像上的任何地方时，相应的表单就会发送给服务器，同时还包括两个附加变量(sub_x 和 sub_y)。它们分别保存在图像中单击位置的横纵坐标。有经验的人会注意到，由浏览器发送的变量名中包含一个句号而不是下划线，但是 PHP 会自动将句号转变成下划线。

(3)HTTPCookies

根据 Netscape 的说明，PHP 支持 HTTPCookies。Cookies 是一种机制，用于将数值存储在远程浏览器上，从而对用户的返回值进行跟踪和辨别。可以使用函数 SetCookie 设置 Cookies。Cookies 是 HTTP 头文件的一部分，所以必须在向浏览器发送任何输出之前调用函数，这一限制与对 Header 函数的限制是相同的。客户机向服务器发送的任何 Cookies 都会自动转换成 PHP 变量，就像使用 GET 和 POST 方法的数值一样。

如果需要将多个值赋予一个 Cookie，只要在 Cookie 名称后添加[]即可。例如：

```
SetCookie("MyCookie[]","Testing",time+3600);
```

注意除非路径或域不同，否则一个 Cookie 就会覆盖前面与其同名的 Cookie，所以对于商场运货等应用程序来说，用户就需要保持计数值并将该值继续向下传递。下面的程序每次设置 Cookie 时都先增加 $Count 的值，避免覆盖前面已经设置的 Cookie。例如：

```
$Count++;SetCookie("Count",$count,time+3600);SetCookie("Cart[$count]",$item,time+3600);
```

(4)HTTPCookies

PHP 可以自动将环境变量转换成 PHP 通常情况下可以使用的变量。例如：

    echo $HOME;   //把操作系统的环境变量 HOME 的值显示出来

由于通过 GET、POST 和 Cookie 机制传递的信息也能自动创建 PHP 变量，所以有些情况下最好明确地读取环境变量以确保所读取的是正确的定义。可以使用 getenv()函数来达到此目的，也可以使用 putenv()函数设置环境变量。详细内容请参考《PHP 手册》官方版本。由于 PHP 会决定变量类型，同时还能根据需要进行转变，所以通常情况下给定变量的数值类型不是任何时候都很明显。

PHP 中包括几个用于确定变量类型的函数，比如 gettype、is_long、is_double、is_string、is_array 和 is_object 等，请参考相关的函数手册来了解它们的用法。

10.3.4 运算符

运算符用来对变量进行操作，可以连接多个变量组成一个表达式。下面逐一介绍 PHP 运算符。

1. 算术运算符

算术运算符是最简单也是我们接触最多的运算符，它属于二元运算符，对两个变量进行操作。"+"、"-"、"*"、"/"都是算术运算符，如表 10-3 所示。

表 10-3 算术运算符

示例	名称	结果
$a+$b	加法	$a 和 $b 的和
$a-$b	减法	$a 和 $b 的差
$a*$b	乘法	$a 和 $b 的积
$a/$b	除法	$a 除以 $b 的商
$a%$b	取模	$a 除以 $b 的余数

2. 赋值运算符

基本的赋值运算符是"＝"。它并不是我们一直理解的"等于"号。它实际上意味着把右边表达式的值赋给左边的变量。赋值运算表达式的值也就是所赋的值。也就是说，"$a=3"的值是 3。

    $a=($b=4)+5;   //这个表达式把 4 赋给了 $b，并且把 4+5=9 赋给了 $a。

在基本赋值运算符之外，还有适合于所有二元算术和字符串运算符的"组合运算符"，这可以在一个表达式中使用它的值并把表达式的结果赋给它，例如：

    $a=3;

```
$a+ =5;              //相当于 $a= $a+5
$b= "Hello";
$b. = "There!";      //相当于 $b= $b."There!"
```

3. 位运算符

位运算符以变量的每一位位单位进行运算,允许用户将一个变量中的某一位设为开或者关的状态。位运算符如表10-4所示。

表10-4 位运算符

示例	名称	结果
$a & $b	And(按位与)	将在$a和$b中都为1的位设为1
$a | $b	Or(按位或)	将在$a或者$b中为1的位设为1
$a ^ $b	Xor(按位异或)	将在$a和$b中不同的位设为1
~$a	Not(按位非)	将$a中为0的位设为1,反之亦然
$a ≪ $b	Shiftleft(左移)	将$a中的位向左移动$b次(每一次移动都表示"乘以2")
$a ≫ $b	Shiftright(右移)	将$a中的位向右移动$b次(每一次移动都表示"除以2")

4. 逻辑运算符

常见的逻辑运算符有与、或、非、异或等。逻辑运算符如表10-5所示。

表10-5 逻辑运算符

示例	名称	结果
$a and $b	And(逻辑与)	TRUE,如果$a与$b都为TRUE
$a or $b	Or(逻辑或)	TRUE,如果$a或$b任一为TRUE
$a xor $b	Xor(逻辑异或)	TRUE,如果$a或$b任一为TRUE,但不同时是
!$a	Not(逻辑非)	TRUE,如果$a不为TRUE
$a && $b	And(逻辑与)	TRUE,如果$a与$b都为TRUE
$a || $b	Or(逻辑或)	TRUE,如果$a或$b任一为TRUE

5. 比较运算符

比较运算符用来比较大小,如表10-6所示。

表 10-6 比较运算符

示例	名称	结果
$a==$b	等于	TRUE,如果$a等于$b
$a===$b	全等	TRUE,如果$a等于$b,并且它们的类型也相同
$a!=$b	不等	TRUE,如果$a不等于$b
$a<>$b	不等	TRUE,如果$a不等于$b
$a!==$b	非全等	TRUE,如果$a不等于$b,或者它们的类型不同
$a<$b	小于	TRUE,如果$a严格小于$b
$a>$b	大于	TRUE,如果$a严格大于$b
$a<=$b	小于等于	TRUE,如果$a小于或者等于$b
$a>=$b	大于等于	TRUE,如果$a大于或者等于$b

6. 错误控制运算符

PHP 的错误控制运算符是"@"。如果在表达式或函数前面附上@符号,则这个表达式或函数所产生的错误不会在执行时发送给客户端浏览器。如果 PHP 配置文件中的 track_errors 是打开的,那么错误信息会存放在变量 $php_errormsg 中,但这个变量中存放的是最近一次的错误信息,新产生的错误信息会覆盖以前的错误信息,所以一定要及时检查这个变量值,才能跟踪执行 PHP 脚本所产生的错误。在 PHP4.0 及其以上版本中一旦使用了@运算符,即使是脚本停止运行的严重错误也不会报告给用户。

下面的例子虽然发生了严重的错误,但并不会把错误信息返回到浏览器中,需要人工输出错误信息,因为它使用了@符号。

```
<?php
$res = @MySQL_query("selectname,codefrom'namelist") ordie("query-failed:errorwas'$php_errormsg'");
?>
```

7. 自增(自减)运算符

PHP 同样支持 C 语言中的自增或自减运算符,如表 10-7 所示。执行一次自增(自减)运算,变量的值就加1(减1)。

表 10-7 自增（自减）运算符

示例	名称	说明
++$a	前加	$a 的值加一，然后返回 $a
$a++	后加	返回 $a，然后将 $a 的值加一
--$a	前减	$a 的值减一，然后返回 $a
$a--	后减	返回 $a，然后将 $a 的值减一

下面是一个简单的应用实例，它解释了自增（自减）运算符的使用：
<?php
echo"<h3>Postincrement</h3>";
$a=5;
echo"Shouldbe5:".$a++."
\n";   //先输出原来的数值，再增加
                                         1echo" Shouldbe6:". $a."

\n";

echo"<h3>Preincrement</h3>";
$a=5;
echo"Shouldbe6:".++$a."
\n";   //先增加 1，再输出
echo"Shouldbe6:".$a."
\n";

echo"<h3>Postdecrement</h3>";
$a=5;
echo"Shouldbe5:".$a--."
\n";   //先输出原来的数值，再减
                                         1echo" Shouldbe4:". $a."

\n";

echo"<h3>Predecrement</h3>";
$a=5;
echo"Shouldbe4:".--$a."
\n";//先减 1，再输出
echo"Shouldbe4:".$a."
\n";
?>

8. 字符串连接运算符

PHP 中有两个字符串运算符。第一个是连接运算符（"."），它返回其左右参数连接后的字符串；第二个是连接赋值运算符（".="），它将右边参数附加到左边的参数后。举例如下：
　　$a="Hello";
　　$b=$a."World!";   //现在 $b 为"HelloWorld!"

```
$a = "Hello";
$a .= "World!";//现在 $a 为"HelloWorld!"
```

9. 运算符的优先顺序和结合规则

运算符的优先级决定了表达式中的运算顺序。例如,表达式 1+5*3 的结果是 16 而不是 18,因为乘号("*")的优先级比加号("+")高。必要时可以用括号来强制改变优先级,例如:(1+5)*3 的值为 18。表 10-8 从低到高列出了运算符的优先级。

表 10-8 运算符的优先级

结合方向	运算符
左	,
左	or
左	xor
左	and
右	print
右	=+ =- =* =/ =. =% =& =| =^ =~ =<< =>>
左	?:
左	||
左	&&
左	|
左	^
左	&
无方向性	== != === !==
无方向性	<< = >> =
左	<< >>
左	+ - .
左	* / %
右	! ~ ++ -- (int) (float) (string) (array) (object) @
右	[
无方向性	new

10.4 PHP 的基本控制语句

10.4.1 表达式

操作数和操作符组合在一起即组成表达式。表达式是由一个或者多个操作符连接起来的操作数,用来计算出一个确定的值。最基本的表达式是数字,例如:

12

下面逐步讨论越来越复杂的表达式:

-12

-12 + 14

-12 + 14 * (24/12)

(-12 + 14 * (24/12))&&calculate_total_cost()

实际上,在不考虑复杂性的情况下,每个表达式都是由较小的表达式和一个或多个操作数共同组成的。当使用要定义的概念为该概念下定义时,这称为递归。当一个递归完成时,表达式能被分成更简单的部分,直到计算机能够完全执行每一部分。

1. 简单表达式

简单表达式是由一个单一的赋值符或一个单一函数调用组成的。由于这些表达式很简单,所以没有必要过多讨论。下面是一些例子:

initialize_pricing_rules()   //调用函数

$str_first_name = ´John´   //初始化变量

$arr_first_names = array(´John´,´Marie´)   //初始化数组

2. 有副作用的简单表达式

表达式在它的主要任务之外,还有其他的副作用。当一个或多个变量改变了它们的值,并且这些改变不是赋值操作符的操作结果时,就会出现副作用。例如,一个函数调用可以设置全局变量(全局变量是指在函数内部用 global 关键字指定的变量),或者加 1 操作符也可以改变变量的值。副作用会使得程序很难读懂,因此编程的一个目标就是应该尽可能地减少这种副作用。

不使用 global 关键字是避免副作用的一个好方法。下面是一些有副作用的表达式例子:

$int_total_glasses = + + $int_number_of_glasses

/* 变量 $int_number_of_glasses 在加 1 后,再把值赋予 $int_total_glas-

```
ses*/
functionone(){
global$str_direction_name;$str_directory_name='/doc_data';
}
/*当one()函数调用后,全局变量的值将被改变*/
```

3. 复杂表达式

复杂表达式可以以任何顺序使用任意数量的数值、变量、操作符和函数。以下是一些例子：

(10+2)/count_fishes()*114　　//包含3个操作符和一个函数调用的复杂表达式。Initialize_count(20-($int_page_number-1)*2)//有1个复杂表达式参数的简单函数调用。

需要注意的是,有时候很难分清左括号和右括号的数目是否相同,那么就从左到右,当左括号出现时,就加1,当右括号出现时,就从总数中减1。如果在表达式的结尾,总数为零时,左圆括号和右圆括号的数目就一定相同了。

某些 PHP 编辑软件提供左、右括号的高亮显示,比如 UltraEdit 就有这样的功能,要擅长利用软件提供的辅助功能,提高程序开发效率。

10.4.2 分支控制语句

分支控制语句是结构化程序设计语言中重要的内容,也是最基础的内容。常用的控制结构有 if…else 和 switch 等。PHP 的这一部分内容是从 C 语言中借鉴过来的,它们的语法几乎完全相同,所以如果用户熟悉 C 语言,就可以很容易地掌握这部分内容。

1. if 语句

if 语句是许多高级语言中重要的控制语句,PHP 也不例外。使用 if 语句可以按照条件判断来执行语句,增加了程序的可控制性。PHP 中的 if 语句和 C 语言中的用法是相同的：

```
if(expr)
statement
```

如果 expr 表达式的值为真,就执行 statement 语句,否则就忽略 statement 语句。下面的代码会在$a 大于$b 时输出"aisbiggerthanb"。

```
<?phpif($a>$b)
print"aisbiggerthanb";
?>
```

通常情况下，statement 语句并不是一句，而是几句组成的片段。这时可以使用"{}"把这些语句括起来。下面的代码会在 $a 大于 $b 时输出"aisbiggerthanb"，并且把 $a 的值赋给 $b。

```
<?phpif($a>$b){
print"aisbiggerthanb";
$b=$a;
}
?>
```

if 语句可以无限嵌套，所以 if 语句很灵活，可以满足用户的多种需要。

2. else 语句

else 语句通常和 if 语句配合使用。首先提供一个表达式来进行条件判断，如果表达式的值为真，则执行 if 后面的语句；如果表达式的值为假，则执行 else 后面的语句。

```
<?php
If($a>$b){
print"aisbiggerthanb";
}else{
print"aisNOTbiggerthanb";
}
?>
```

上面的语句如果 $a 大于 $b，则输出"aisbiggerthanb"；否则，输出"aisNOTbiggerthan"。

3. elseif 语句

elseif 语句是 else 语句和 if 语句的组合。它和 else 语句一样在表达式判断为假时提供另外的语句来执行，不同的是在执行这些语句之前需要再进行表达式的逻辑判断，只有在 elseif 后面的表达式为真的情况下它后面的语句才能执行。如果判断为假，则忽略这些语句。

用户可以使用 elseif 语句，也可以使用 if else 语句，这两个语句的应用结果是相同的，下面的程序段会输出 $a 和 $b 的大小情况。

```
<?php
If($a>$b){
print"aisbiggerthanb";
}elseif($a==$b){
```

```
print"aisequaltob";
}else{
print"aissmallerthanb";

}
?>
```

4. if 语句的交互语法 if…endif

PHP 提供了 if 语句的另外一种使用方法,这个用法也适用于 for、while、foreach、switch 等控制结构语句。具体适用方法是在 if 语句判断表达式的后面添加":",并在最后用 endif 来结束这一段控制语句。例如:

```
<?phpif($a==5):?>
Aisequalto5
<?phpendif?>
```

上面的语句中,"Aisequalto5"嵌套在 if 语句中,如果 $a 等于 5 的话就输出这条语句,否则就忽略该语句。这个用法同样适用于 elseif 语句,例如:

```
if($a==5):
print"aequals5";
print"…";
elseif($a==6):
print"aequals6";
print"!!!"
else:
print"aisneither5nor6";
endif;
```

作为 PHP 所特有的语法,作者建议尽量少采用这种用法。

5. switch 语句

先看一个 if 语句的例子:

```
<?php
…if($i==0){
print"iequals0";
}
if($i==1){
print"iequals1";
```

```
if( $ i = = 2){
print"iequals2";
}
…
?>
```

上面的语句看起来有些繁杂,使用 switch 语句可以使语句更加清晰、简洁:

```
<?php
…switch( $ i){
case0：
print"iequals0";
break;
case1：
print"iequals1";
break;
case2：
print"iequals2"

}
…
?>
```

break;

使用 switch 语句可以避免大量地使用 if…else 控制语句。switch 语句首先根据变量值得到一个表达式的值,然后根据表达式的值来决定执行什么语句。switch 语句中的表达式是唯一的,而不像 elseif 语句中会有其他的表达式。

弄清楚 switch 语句的具体执行过程是非常有必要的,不然很容易错误地使用这一结构。swith 语句是一行一行执行的,开始时并不执行语句,只有在表达式的值和 case 后面的数值相同时才开始执行它下面的语句,如果 break 没有语句,程序会继续一行一行地执行下去,当然也会执行其他 case 语句下的语句。例如:

```
switch( $ i){
case0：
print"iequals0";
case1：
print"iequals1";
```

```
case2:
print"iequals2";

}
```
如果变量$i的值为0,那么上面的程序会把3个语句都输出;如果$i为1,输出后面两个语句;只有$i为2时才能得到预期的结果。所以一定要注意使用break语句来跳出switch结构。

case后面的语句可以为空。这时的结果在多种情况下,执行相同的语句。例如:
```
switch($i){case0:case1:case2:
print"iislessthan3butnotnegative";
break;
case3:
print"iis3";

}
```
在$i的值为0、1或2的情况下都输出"iislessthan3butnotnegative"。

Switch控制结构中还有一个特殊的语句default。如果表达式的值和前面所有的情况都不相同,就会执行最后的default语句。例如:
```
switch($i){

case0:
print"iequals0";
break;
case1:
print"iequals1";
break;
case2:
print"iequals2";
break;
default:
print"iisnotequalto0,1or2";

}
```
Switch控制结构中表达式的值可以是任何一种简单的变量类型,如整数、浮点数或字符串,但是表达式不能是数组或对象等复杂的变量类型。

最后，switch 语句也有另外一种表示形式，例如：
switch($i):
case0:
print"iequals0";
break;
case1:
print"iequals1";
break;
case2:
print"iequals2";
break;
default:
print"iisnotequalto0,1or2";
endswitch;

10.4.3 循环控制语句

PHP 中的循环语句有 while、do…while、for 等，这些也是从 C 语言中借鉴过来的，其中每种结构都有自己的特点。下面分别介绍这几种循环控制结构。

1. while 语句

while 语句是 PHP 中最为简单的循环语句。它最基本的形式是：
while(expr)statement

当表达式 expr 的值为真时，就执行 statement 语句。执行完毕后，再次检查 expr 语句是否为真，如果为真再次执行 statement，否则就跳出循环，按照流程向下执行。一般来说，在 statement 语句中会改变 expr 表达式中的变量值，否则很可能成为死循环。如果在第一次循环 expr 就为假，statement 语句就不被执行。请看下面的例子：

```
<?php
$i=1;
while($i<=10){
print$i++;/*先输出$i的值，然后$i加1*/

}
?>
```

和 if 语句一样，可以把多个语句组成一个片段用"{ }"括起来，也可以使用另外一种方法：

while(expr):
statement…endwhile;

例如,上面程序中的 while 部分就可以表示为:

…while($i<=10):
print $i;
$i++;
endwhile;

2. do…while 语句

do…while 语句和 while 语句基本是一样的。它们的主要不同点是,while 语句在"{}"内的语句执行之前检查条件是否满足,而 do…while 语句则是先执行"{}"内的语句,然后才判断条件是否满足,如果满足就继续循环,不满足就跳出。

do…while 的语法结构如下:

$i=0;
do{

print $i;
}while($i>0);

在上面的一段程序中,"{}"内的语句只执行一次,因为 $i 本身不满足条件判断。有经验的程序员经常使用 do…while 和 break 配合,来实现从程序的中间跳出。例如:

do{
if($i<5){
print"iisnotbigenough";
break;
}
$i*=$factor;if($i<$minimum_limit){break;
}
print"iisok";
…processi…
}while(0);

如果不太理解上面的程序,也可以自己设计其他的算法来达到相同的目的。

3. for 语句

for 语句是所有的循环控制语句中最为复杂的。它的用法和在 C 语言中是相

同的。其基本语法为:

  for(expr1;expr2;expr3)statement

  程序执行到 for 语句时,首先执行 expr1,然后是 expr2 这个判断语句,如果判断为真,则执行循环体,循环体执行完成后执行 expr3。如果这时 expr2 为真,则再次执行循环体,重复上述的步骤,否则就停止。

  上面的 3 个表达式都可以是空值。expr2 为空代表循环将无限制地进行下去。用户可能会怀疑这样有什么作用。在很多情况下,程序将在循环体内部适当的地方通过 break 语句来跳出。请看例子:

  <?phpfor($i=1;$I<=10;$I++){
  print$I;

}
?>

上例是最为经典也最为常用的表示方法。另外还可以用别的形式达到相同的目的。例如改为:

  for($i=1;;$i++){
  if($i>10){
  break;

}
  print$i;
}

或

  $i=1;
  for(;;){
  if($i>10){
  break;

}
  print$i;
  $i++;
}

或

```
for($i=1;$i<=10;print $I,$i++);
```
从这几个例子中可以知道在很多情况下,for 循环语句中可以使用空表达式。当然,for 循环语句也有另外一种表示方法:
```
for(expr1;expr2;expr3);statement;…;endfor;
```
和许多其他语言一样,PHP4.0 及其以上版本中也有一个用来遍历数组的控制结构 foreach。要实现这样的目的,可以在 while 循环中使用 list()和 each()函数的组合。

foreach 结构的语法如下:
```
foreach(array_expressionas $value)statement foreach
(array_expressionas $key => $value)statement
```
在第 1 种形式下,每次执行的时候,会把数组 array_expression 当前元素的值赋给变量$value,然后指向下面一个数组元素以便再次调用时得到下面一个元素的值。第 2 种形式和第 1 种形式类似,不同的是调用时数组元素的关键字会被赋给变量$key。第 2 种形式更为常用一些。注意在每次开始使用 foreach 时,会自动指向数组的第 1 个元素,所以没有必要在开始时使用 reset()函数。执行 foreach 时实际上是在调用数组的一个拷贝而不是数组本身,所以它和 each 语句执行时是不一样的。

下面两段程序所起的作用是相同的:
```
reset($arr);while(list(,$value)=each($arr)){
echo"Value: $value<br>\n";
}
```
和
```
foreach($arras $value){
echo"Value: $value<br>\n";

}
```
接下来的两段也是相同的:
```
reset($arr);while(list($key,$value)=each($arr)){
echo"Key: $key;Value: $value<br>\n";
}
```
和
```
foreach($arras $key => $value){
echo"Key: $key;Value: $value<br>\n";
}
```

为了方便用户理解,再给出几个实例:
```
/*实例1:只获取数组的值*/
$a = array(1,2,3,17);
foreach($a as $v){
print"Current value of \$a: $v.\n";
}
/*实例2:为了说明用法也输出了数组的关键字*/
$a = array(1,2,3,17);
$i = 0;
foreach($a as $v){
print"\$a[$i] = > $v.\n";
$i++;
}
/*实例3:关键字和值同时获取*/
$a = array("one" = >1,"two" = >2,"three" = >3,
"seventeen" = >17);
foreach($a as $k = > $v){
print"\$a[$k] = > $v.\n";
}
```

4. break 语句

break 语句用来结束当前的 for、while 或 switch 循环结构,继续执行下面的语句。break 语句后面可以跟一个数字,用来在嵌套的控制结构中表示跳出控制结构的层数。请看下面的例子:

break.php
```
<?php
$arr = array('one','two','three','four','stop','five');
while(list(,$val) = each($arr)){
if($val = = 'stop'){
break;/*这里也可以是break1;*/
}
echo"$val<br>\n";
}
?>
```
执行结果如图 10-6 所示:

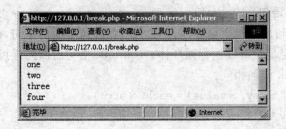

图 10-6 执行结果

下面看一个使用数字参数的例子：
break2.php
<?php
$i = 0;
while(+ + $i){switch($i){case5：
echo"At5
\n";
break1;/* 只是退出 switch 结构 */
case10：
echo"At10
\n";
break2;/* 退出 switch 和 while 结构 */
default：
break;

}
}
?>

执行结果如图 10-7 所示：

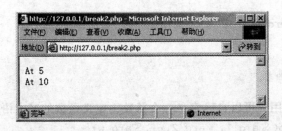

图 10-7 执行结果

5. continue 语句

continue 语句用来跳出循环体,不去执行循环体下面的语句,而是回到循环判断表达式,并决定是否继续执行循环体。continue 语句后面同样可以跟一个数字,它的作用和 break 语句相同。

```
while(list($key, $value) = each($arr)){
if(!($key%2)){//如果是偶数就跳出
continue;

}
do_something_odd($value);
}


$i = 0;
while($i++<5){
echo "Outer<br>\n";
while(1){
echo "  Middle<br>\n";
while(1){
echo "  Inner<br>\n";
continue 3;

}
echo "This never gets output.<br>\n";
}

echo "Neither does this.<br>\n";
}
```

10.4.4 函数

在 PHP 中,用户可以自己定义一个函数。定义函数的基本语法如下:

```
function foo($arg_1, $arg_2, …, $arg_n){
echo "Example function.\n";
return $retval;
```

}

任何合法的 PHP 语句都可以出现在函数体内,包括其他函数或类的定义。在 PHP3.0 中函数定义必须位于函数调用之前,而在 PHP4.0 之后并没有这样的限制。PHP 不支持函数的重载,所以不能重复定义一个函数。

1. 返回值

函数可以通过 return 语句返回一个值。函数的返回值可以是任何数据类型,也可以是数组或者对象。

```
function square($num){
return $num * $num;
}
echo square(4);//输出'16'
```

一般来说不能从函数中返回多个值,但可以返回一个数组。

例如:

```
function small_number(){
return array(0,1,2);
}
list($zero, $one, $two) = small_number();
```

如果要返回一个"指针",就必须在函数声明时使用符号"&"。例如:

```
function &returns_reference(){
return $someref;
}
$newref = &returns_reference();
```

2. 参数

函数可以通过参数来传递数值。参数是一个用逗号隔开的变量或常量的集合。参数可以传递值,也可以以引用方式传递,还可以为参数制定默认值。在 PHP4.0 中可以得到参数的数量,用户可以参考 func_num_args()、func_get_arg() 和 func_get_args() 函数来获得更多的信息。

(1)引用方式传递参数

默认情况下函数参数是通过值进行传递的,所以如果在函数内部改变参数的值,并不会体现在函数外部。如果希望一个函数可以修改其参数,就必须通过引用方式传递参数。如果希望始终以引用方式传递参数,可以在函数定义中,在参数名前预先添加一个符号"&"。请看例子:

```
functionadd_some_extra(&$string){
$string.='andsomethingextra.';
}
$str='Thisisastring,';
add_some_extra($str);
echo $str;//输出'Thisisastring,andsomethingextra.'
```
(2) 默认值

函数可以按照以下方式为变量参数定义 C++型的默认值:
```
functionmakecoffee($type="cappucino"){
return"Makingacupof $type.\n";
}
echomakecoffee();
echo"<br>";
echomakecoffee("espresso");
```
上述代码段的输出结果为:Makingacupofcappucino. Makingacupofespresso。

默认值必须是常量表达式,而不应该是变量或类成员。在 PHP4.0 中还可以为默认值的参数指定 unset,这意味着如果没有提供值就不能设置该参数。在使用默认参数时,任何默认项都必须位于非默认参数的右侧,否则就得不到通常所期望的结果。

3. 变量函数

PHP 支持变量函数的概念:用户可以在一个变量的后面添加(),这时 PHP 会寻找与变量名同名的函数,并执行它。也就是说,可以通过改变变量的值来调用不同的函数。例如,下面的例子中首先声明了两个函数 foo()和 bar(),然后初始化这两个变量,它们的值分别为 foo 和 bar,最后使用变量调用函数。

foo.php
```
<?php
//定义 foo()函数
function foo(){
echo"Infoo()<br>\n";
}
//定义 bar()函数
functionbar($arg=''){
echo"Inbar();argumentwas' $arg'.<br>\n";
}
```

```
$func = ´foo´;
$func();//使用变量调用函数 foo()
$func = ´bar´;
$func(´test´);//使用变量调用函数 bar()
?>
```

上面的 PHP 代码先调用函数 foo(),然后以参数 test 调用 bar(),执行结果如图 10-8 所示。

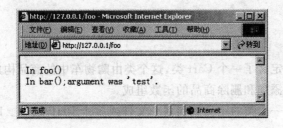

图 10-8 执行结果

10.5 PHP 的面向对象编程

10.5.1 类

类是变量与作用于这些变量的函数的集合。使用下面的语法定义一个类:

```
<?php class Cart
{
var $items;   //购物车中的项目
//把 $num 个 $artnr 放入车中
function add_item( $artnr, $num)
{
$this->items[ $artnr] + = $num;
}
//把 $num 个 $artnr 从车中取出
function remove_item( $artnr, $num)
{
```

```
    if($this->items[$artnr]>$num){
    $this->items[$artnr]-=$num;
    return true;
    }else{
    return false;
    }
    }
    }
?>
```

上面的例子定义了一个 Cart 类,这个类由购物车中的商品构成的数组和两个用于从购物车中添加和删除商品的函数组成。

注意不能将一个类的定义放到多个文件或多个 PHP 块中。以下用法将不起作用:

```
<?php
class test{
?>
<?php
function test(){
print 'OK';
}
}
?>
```

PHP 将所有以_开头的函数名保留为魔术函数。除非想要使用一些见于文档中的魔术功能,否则建议不要在 PHP 中将函数名以_开头。

在 PHP4 中,var 变量的值只能初始化为常量。用非常量值初始化变量,需要一个初始化函数,该函数在对象被创建时自动被调用。这样一个函数被称之为构造函数,如以下代码所示:

```
<?php
/*PHP4 中不能这样用*/
class Cart
{
```

```
    var $todays_date = date("Y-m-d");
    var $name = $firstname;
    var $owner = 'Fred'.'Jones';
    var $items = array("VCR","TV");
}


/*应该这样进行*/
class Cart
{

    var $todays_date;
    var $name; var $owner; var $items;
    function Cart()
    {

        $this->todays_date = date("Y-m-d");
        $this->name = $GLOBALS['firstname'];
        /*etc…*/
    }
}
?>
```

类也是一种类型,就是说,它们是实际变量的蓝图。必须用 new 运算符来创建相应类型的变量。

```
<?php
$cart = newCart;
$cart->add_item("10",1);

$another_cart = newCart;
$another_cart->add_item("0815",3);
?>
```

上述代码创建了两个 Cart 类的对象 $cart 和 $another_cart,对象 $cart 的方法 add_item() 被调用时,添加了 1 件 10 号商品。对于对象 $another_cart,3 件 0815 号商品被添加到购物车中。$cart 和 $another_cart 都有方法 add_item(), remove_item()和一个 items 变量。它们都是明显的函数和变量,可以把它们当作文件系统中的某些类似目录的东西来考虑。在文件系统中,可以拥有两个不同的README.TXT 文件,只要不在相同的目录中。

正如为了从根目录访问每个文件用户需要输入该文件的完整的路径名一样,必须指定需要调用的函数的完整名称:在 PHP 术语中,根目录将是全局名称空间,路径名符号将是->。

因而,名称 $cart->items 和 $another_cart->items 命名了两个不同的变量。

注意:变量名为 $cart->items,不是 $cart-> $items,那是因为在 PHP 中一个变量名只有一个单独的美元符号。

```
<?php
//正确,只有一个 $
$cart->items = array("10" => 1);

//不正确,因为 $cart-> $items 变成了 $cart->""
$cart-> $items = array("10" => 1);



//正确,但可能不是想要的结果:
// $cart-> $myvar 变成了 $cart->items
$myvar = 'items';
$cart-> $myvar = array("10" => 1);
?>
```

在一个类的定义内部,无法得知使用何种名称的对象是可以访问的。例如在编写 Cart 类时,并不知道之后对象的名称将会命名为 $cart 或者 $another_cart,因而不能在类中使用 $cart->items。然而为了定义类的内部访问自身的函数和变量,可以使用伪变量 $this 来达到这个目的。$this 变量可以理解为"我自己的"或者"当前对象",因而" $this->>items[$artnr]+= $num"可以理解为"我自己的物品数组的 $artnr 计数器加 $num"或"在当前对象的物品数组的 $artnr 计数器加 $num"。

10.5.2 继承

通常需要这样一些类,这些类与其他现有的类拥有相同变量和函数。实际上,定义一个通用类,用于所有的项目,并且不断丰富这个类以适应每个具体项目,将是一个不错的练习。为了使这一点变得更加容易,类可以从其他的类中扩展出来。

扩展或派生出来的类拥有其基类(这称为"继承")的所有变量和函数,并包含所有在派生类中定义的部分。类中的元素不可能减少,就是说,不可以注销任何存在的函数或者变量。

一个扩充类总是依赖一个单独的基类,也就是说,多继承是不支持的。使用关键字"extends"来扩展一个类。

```
<?php
class Named_Cart extends Cart
{

var $owner;
function set_owner($name)
{

$this->owner = $name;
}
}
?>
```

上述示例定义了名为 Named_Cart 的类,该类拥有 Cart 类的所有变量和函数,加上附加的变量 $owner 和一个附加函数 set_owner()。现在,以正常的方式创建一个有名字的购物车,并且可以设置并取得该购物车的主人。而正常的购物车类的函数依旧可以在有名字的购物车类中使用:

```
<?php
$ncart = new Named_Cart;        //新建一个有名字的购物车
$ncart->set_owner("kris");      //给该购物车命名
print $ncart->owner;            //输出该购物车主人的名字
$ncart->add_item("10",1);       //(从购物车类中继承来的功能)
?>
```

父类的新类:子类。可以使用这个新的子类来创建另外一个基于这个子类的类。

注:类只有在定义后才可以使用!如果需要类 Named_Cart 继承类 Cart,必须首先定义 Cart 类。如果需要创建另一个基于 Named_Cart 类的 Yellow_named_cart 类,就必须首先定义 Named_Cart 类。简洁地说:类定义的顺序是非常重要的。

10.5.3 构造函数

构造函数是类中的一个特殊函数,当使用 new 操作符创建一个类的实例时,构造函数将会自动调用。PHP3 中,当函数与类同名时,这个函数将成为构造函数。PHP4 中,在类里定义的函数与类同名时,这个函数将成为一个构造函数,区别很微妙,但非常关键。

```php
<?php
//PHP3 和 PHP4 中都能用
class Auto_Cart extends Cart
{

function Auto_Cart()
{

$this->add_item("10",1);
}
}
?>
```

上文定义了一个 Auto_Cart 类,即 Cart 类加上一个构造函数,当每次使用"new"创建一个新的 Auto_Cart 类实例时,构造函数将自动调用并将一件商品的数目初始化为"10"。构造函数可以使用参数,而且这些参数可以是可选的,它们可以使构造函数更加有用。为了可以不带参数地使用类,所有构造函数的参数应该提供默认值,使其可选。

```php
<?php
//PHP3 和 PHP4 中都能用
class Constructor_Car textends Cart
{

function Constructor_Cart( $item = "10", $num = 1)
{

$this->add_item( $item, $num);
}
}
```

```
//买些旧东西
$default_cart = new Constructor_Cart;
//买些新东西…
$different_cart = new Constructor_Cart("20",17);
?>
```

也可以使用@操作符来消除发生在构造函数中的错误。例如@new。注意，PHP3中派生类和构造函数有许多限制。仔细阅读下列范例以理解这些限制。

```
<?php class A
{

functionA()

{
echo"IamtheconstructorofA.<br>\n";
}
}


class B extends A
{

function C()
{

echo"Iamaregularfunction.<br>\n";
}
}
//PHP3中没有构造函数被调用
$b = newB;
?>
```

PHP3中，在上面的示例中将不会有构造函数被调用。PHP3的规则是："构造函数是与类同名的函数。"这里，类的名字是B，但是类B中没有函数B()，所以PHP3中没有构造函数被调用。PHP4修正了这个问题，并介绍了另外的新规则：一个类没有构造函数，但如果父类有构造函数，父类的构造函数将会被调用。PHP4中，上面的例子将会输出"IamtheconstructorofA.
"。

```php
<?php class A
{

function A()
{

echo "I am the constructor of A.<br>\n";
}

function B()
{


echo "I am a regular function named B in class A.<br>\n";
echo "I am not a constructor in A.<br>\n";
}
}

class B extends A
{

function C()
{

echo "I am a regular function.<br>\n";
}
}
//调用 B()作为构造函数
$b = new B;
?>
```

如果是 PHP3，类 A 中的函数 B()将立即成为类 B 中的构造函数。PHP3 中的规则是："构造函数是与类同名的函数。"PHP3 并不关心函数是不是在类 B 中定义的，或者是否已经被继承。

PHP4 修改了规则："构造函数与定义其自身的类同名。"因而在 PHP4 中，类 B 将不会有属于自身的构造函数，并且父类的构造函数将会被调用，输出

"IamtheconstructorofA.
"。

这里似乎有问题,实际输出的结果,并不象这里说的那样。实际输出的内容是"IamaregularfunctionnamedBinclassA……",输出的是 B()的内容。也就是说,例子中的注释"ThiswillcallB()asaconstructor"是正确的。如果从类 A 中移除函数 B(),那么将输出 A()的内容。不管是 PHP3 还是 PHP4 都不会从派生类的构造函数中自动调用基类的构造函数。恰当地逐次调用上一级的构造函数是用户的责任。PHP3 或者 PHP4 中都没有析构函数。

用户可以使用 register_shutdown_function()函数来模拟多数析构函数的效果。析构函数是一种当对象被销毁时,无论使用了 unset()或者简单的脱离范围,都会被自动调用的函数。但 PHP4 及其以下版本中没有析构函数。

10.5.4 析构函数

PHP5 引入了析构函数的概念,这类似于其他面向对象的语言,如 C++。析构函数会在到某个对象的所有引用都被删除或者当对象被显式销毁时执行。析构函数示例:

```
<?php
class MyDestructableClass{
function construct(){
print"Inconstructor\n";
$this ->name = "MyDestructableClass";

}
function destruct(){
print"Destroying". $this ->name."\n";

}
}

$obj = new MyDestructableClass();
?>
```

和构造函数一样,父类的析构函数不会被引擎暗中调用。要执行父类的析构函数,必须在子类的析构函数体中显式调用 parent::destruct()。

注意:析构函数在脚本关闭时调用,此时所有的头信息已经发出。

10.5.5 范围解析操作符

有时在没有声明任何实例的情况下访问类中的函数或者基类中的函数和变量很有用处。而::运算符即用于此情况。::可称为范围解析操作符,也可称作 PaamayimNekudotayim,或者更简单地说是一对冒号。::运算符仅在 PHP4 及以后版本中有效。

```
<?php class A
{
function example()
{
echo "IamtheoriginalfunctionA::example().<br>\n";
}
}
class B extends A
{

function example()
{
echo "IamtheredefinedfunctionB::example().<br>\n"; A::example();
}
}
//A 类没有对象,这将输出
//    IamtheoriginalfunctionA::example().<br>A::example();
//建立一个 B 类的对象
$b = newB;
//这将输出
//    IamtheredefinedfunctionB::example().<br>
//    IamtheoriginalfunctionA::example().<br>
$b->example();

?>
```

上面的例子调用了 A 类的函数 example(),但是这里并不存在 A 类的对象,因此不能用 $a->example()或者类似的方法调用 example()。而是将 example()作为一个类函数来调用,也就是说,作为一个类自身的函数来调用,而不是这个类的任何对象。这里有类函数,但没有类的变量。实际上,在调用函数时完全没有任何对象。因而一个类的函数可以不使用任何对象(但可以使用局部或者全局变量),并且可以根本不使用$this变量。

上面的例子中,B类重新定义了函数 example()。A类中原始定义的函数 example()将被屏蔽并且不再生效,除非使用::运算符来访问A类中的 example()函数。如:A::example()(实际上,应该写为 parent::example(),下一小节介绍该内容)。就此而论,对于当前对象,它可能有对象变量。因而,可以在对象函数的内部使用$this和对象变量。

10.5.6 parent

不要用代码中基类文字上的名字,应该用特殊的名字 parent,它指的就是派生类在 extends 声明中所指的基类的名字。这样做可以避免在多个地方使用基类的名字。如果继承树在实现的过程中要修改,只要简单地修改类中 extends 声明的部分。

```
<?php class A
{

function example()
{
echo"IamA::example()andprovidebasicfunctionality.<br>\n";
}
}


class B extends A
{

function example()
{

echo"IamB::example()andprovideadditionalfunctionality.<br>\n";
parent::example();
}
}
$b = new B;
```

```
//以下将调用B::example(),而它会去调用A::example()。
$b->example();
?>
```

10.5.7 序列化对象

serialize()返回一个字符串,包含着可以储存于PHP的任何值的字节流表示。unserialize()可以用此字符串来重建原始的变量值。用序列化来保存对象可以保存对象中的所有变量。对象中的函数不会被保存,只有类的名称。

要能够unserialize()一个对象,需要定义该对象的类。也就是,如果序列化了page1.php中类A的对象$a,将得到一个指向类A的字符串并包含所有$a中变量的值。如果要在page2.php中将其解序列化,重建类A的对象$a,则page2.php中必须要出现类A的定义。这可以这样实现,将类A的定义放在一个包含文件中,并在page1.php和page2.php都包含此文件。

```
<?php
//classa.inc:
class A
{

var $one = 1;
function show_one()
{

echo $this->one;
}
}
?>
```

```
<?php
//page1.php:
include("classa.inc");
$a = newA;
$s = serialize($a);
//将$s存放在某处使page2.php能够找到
```

```
$fp = fopen("store","w");
fputs($fp,$s);
fclose($fp);

?>
<?php
//page2.php:
//为了正常解序列化需要这一行
include("classa.inc");
$s = implode("",@file("store"));
$a = unserialize($s);
//现在可以用$a对象的show_one()函数了
$a->show_one();
?>
```

如果在用会话并使用了 session_register()来注册对象,这些对象会在每个PHP页面结束时被自动序列化,并在接下来的每个页面中自动解序列化。基本上是说这些对象一旦成为会话的一部分,就能在任何页面中出现。

强烈建议在所有的页面中都包括这些注册的对象的类的定义,即使并不是在所有的页面中都用到了这些类。如果没有这样做,一个对象被解序列化了但却没有其类的定义,它将失去与之关联的类并成为 stdClass 的一个对象而完全没有任何可用的函数。因此如果在以上的例子中 $a 通过运行session_register("a")成为了会话的一部分,应该在所有的页面中包含 classa.inc 文件,而不只是 page1.php 和 page2.php。

10.5.8 魔术函数 sleep 和 wakeup

serialize()检查类中是否有魔术名称 sleep 的函数。该函数将在任何序列化之前运行。它可以清除对象并返回一个包含有该对象中应被序列化的所有变量名的数组。使用 sleep 的目的是关闭对象可能具有的任何数据库连接,提交等待中的数据或进行类似的清除任务。此外,如果有非常大的对象而并不需要完全储存下来时此函数也很有用。相反地,unserialize()检查具有魔术名称 wakeup 的函数的存在。如果存在,此函数可以重建对象可能具有的任何资源。使用 wakeup 的目的是重建在序列化中可能丢失的任何数据库连接以及处理其他重新初始化的任务。

10.6 构造函数中的引用

在构造函数中创建引用可能会导致混淆的结果。

```php
<?php class Foo
{
function Foo($name)
{
//在全局数组$globalref中建立一个引用
global $globalref;
$globalref[] = &$this;
//将名字设定为传递的值
$this->setName($name);
//并输出之
$this->echoName();
}

function echoName()
{

echo"<br>",$this->name;
}

function setName($name)
{

$this->name = $name;
}
}
?>
```

下面来检查用拷贝运算符＝创建的$bar1和用引用运算符＝& 创建的$bar2是否有区别。

```php
<?php
$bar1 = newFoo('setinconstructor');
```

```
$bar1->echoName();
$globalref[0]->echoName();

/* 输出：
setinconstructorsetinconstructor
setinconstructor */

$bar2 = &newFoo('setinconstructor');
$bar2->echoName();
$globalref[1]->echoName();
```

/* 输出：
setinconstructorsetinconstructor
setinconstructor */

?>

从表面上看没有区别,但实际上有一个非常重要的区别:$bar1 和 $globalref[0]并没有被引用,它们不是同一个变量。这是因为"new"默认并不返回引用,而返回一个拷贝。

注意,在返回拷贝而不是引用中并没有性能上的损失(因为 PHP4 及以上版本使用了引用计数)。相反更多情况下工作于拷贝而不是引用上更好,因为建立引用需要一些时间而建立拷贝实际上不花时间(除非它们都不是大的数组或对象,而其中之一跟着另一个变,那使用引用来同时修改它们会更方便)。

例如:

```
<?php
//现在改个名字,你预期什么结果?
//你可能预期 $bar1 和 $globalref[0]二者的名字都改了……
$bar1->setName('setfromoutside');
//但如同前面说的,并不是这样。
$bar1->echoName();
$globalref[0]->echoName();
```

/* 输出为:
setfromoutside
setinconstructor */

```php
//现在看看$bar2和$globalref[1]有没有区别
$bar2->setName('setfromoutside');
//幸运的是它们不但相同,根本就是同一个变量。

//因此$bar2->name和$globalref[1]->name也是同一个变量。
$bar2->echoName();
$globalref[1]->echoName();
/*输出为:
setfromoutside
setfromoutside */
?>
```

最后给出另一个例子,试着理解它。

```php
<?php class A
{

    function A($i)
    {

        $this->value = $i;
        //试着想明白为什么这里不需要引用
        $this->b = newB($this);
    }
    function createRef()
    {

        $this->c = newB($this);
    }
    function echoValue()
    {

        echo"<br>","class",get_class($this),':',$this->value;
    }
}
class B
```

```
{
function B(&$a)
{
$this->a = &$a;
}
function echoValue()
{

echo"<br>","class",get_class($this),':',$this->a->value;
}
}
/*试着理解为什么这里一个简单的拷贝会在下面用*
//标出来的行中产生预期之外的结果
$a = &new A(10);
$a->createRef();
$a->echoValue();
$a->b->echoValue();
$a->c->echoValue();
$a->value = 11;
$a->echoValue();
$a->b->echoValue();//*
$a->c->echoValue();
/*输出为:classA:10
classB:10classB:10classA:11classB:11classB:11
*/
?>
```

10.7 PHP 与 MySQL 的协同工作

可以毫不夸张地说,没有后台数据库支持的网络应用程序只是一个空架子,实现的功能也只能是非常简单、缺乏动态更新的内容。如果有了数据库的支持,情况就大不一样,可以实现收集用户的信息、根据用户的要求定制页面内容、实时更新最新消息等丰富的功能。因此,学习网络语言,一定要同时注重数据库方面的知识。

本书的前面章节中陆续讨论了 HTML 和一些简单的 PHP 代码,并且讨论了 MySQL 数据库及其图形管理工具 phpMyAdmin,为本章的内容作了很好的铺垫。在本章中,将会讲述如何使用 PHP 操纵 MySQL 数据库。重点将会放在 PHP 的 MySQL 函数库上,着重介绍各个函数的使用方法,并会配有丰富、实用的范例程序辅助讲解。

10.7.1 PHP 的 MySQL 数据库函数

PHP 的 MySQL 数据库函数库中现有 48 个函数,具体见表 10-9。

表 10-9 PHP 的 MySQL 函数库

函数名	功能
mysql_affected_rows	取得前一次 MySQL 操作所影响的记录行数
mysql_change_user	改变活动连接中登录的用户
mysql_client_encoding	返回字符集的名称
mysql_close	关闭 MySQL 连接
mysql_connect	打开一个到 MySQL 服务器的连接
mysql_create_db	新建一个 MySQL 数据库
mysql_data_seek	移动内部结果的指针
mysql_db_name	取得结果数据
mysql_db_query	发送一条 MySQL 查询
mysql_drop_db	丢弃(删除)一个 MySQL 数据库
mysql_errno	返回上一个 MySQL 操作中的错误信息的数字编码
mysql_error	返回上一个 MySQL 操作产生的文本错误信息
mysql_escape_string	转义一个字符串用于 MySQL_query
mysql_fetch_array	从结果集中取得一行作为关联数组,或数字数组,或二者兼有
mysql_fetch_assoc	从结果集中取得一行作为关联数组
mysql_fetch_field	从结果集中取得列信息并作为对象返回
mysql_fetch_lengths	取得结果集中每个输出的长度
mysql_fetch_object	从结果集中取得一行作为对象
mysql_fetch_row	从结果集中取得一行作为枚举数组

续表 10-9

函数名	功能
mysql_field_flags	从结果中取得和指定字段关联的标志
mysql_field_len	返回指定字段的长度
mysql_field_name	取得结果中指定字段的字段名
mysql_field_seek	将结果集中的指针设定为指定的字段偏移量
mysql_field_table	取得指定字段所在的表名
mysql_field_type	取得结果集中指定字段的类型
mysql_free_result	释放结果内存
mysql_get_client_info	取得 MySQL 客户端信息
mysql_get_host_info	取得 MySQL 主机信息
mysql_get_proto_info	取得 MySQL 协议信息
mysql_get_server_info	取得 MySQL 服务器信息
mysql_info	取得最近一条查询的信息
mysql_insert_id	取得上一步 INSERT 操作产生的 ID
mysql_list_dbs	列出 MySQL 服务器中所有的数据库
mysql_list_fields	列出 MySQL 结果中的字段
mysql_list_processes	列出 MySQL 进程
mysql_list_tables	列出 MySQL 数据库中的表
mysql_num_fields	取得结果集中字段的数目
MySQL_num_rows	取得结果集中行的数目
mysql_pconnect	打开一个到 MySQL 服务器的持久连接
mysql_ping	ping 一个服务器连接,如果没有连接则重新连接
mysql_query	发送一条 MySQL 查询
mysql_real_escape_string	转义 SQL 语句中使用的字符串中的特殊字符,并考虑到连接的字符集
mysql_result	取得结果数据
mysql_select_db	选择 MySQL 数据库
mysql_stat	取得当前系统状态

续表 10-9

函数名	功能
mysql_tablename	取得表名
mysql_thread_id	返回当前线程的 ID
mysql_unbuffered_query	向 MySQL 发送一条 SQL 查询,并不获取缓存结果的行

这 48 个函数可分为数据库连接函数、数据库查询函数、返回值处理函数、其他函数等四大类,功能相当丰富,可以实现各种关于数据库的操作。这组 MySQL 数据库函数是 PHP 非常有特色同时也是非常重要的一个函数库。下面就具体讲解各函数,并配以相关的示例程序帮助理解。

1. 数据库连接函数

顾名思义,本部分函数的功能就是实现 PHP 与 MySQL 数据库的连接。当需要对数据库进行操作时,所要做的第一件事就是建立与数据库的连接。

(1)mysql_connect 函数

打开 MySQL 服务器连接。

语法:resource mysql_connect(string[hostname][:port],string[username],string[password]);

返回值:整数

函数种类:数据库功能

内容说明:本函数将建立与 MySQL 服务器的连接。其中所有的参数都可省略。当使用本函数却不加任何参数时,参数 hostname 的默认值为 localhost,参数 username 的默认值为 PHP 执行进程的拥有者,参数 password 则为空字符串(即没有密码)。参数 hostname 后面可以加冒号与端口号,代表使用哪个端口与 MySQL 连接。另外在使用数据库时,使用 mysql_close()将连接关掉可以节省资源。

若与数据库的连接成功,则返回一个连接标识符(link_identifier)。若失败,则返回 false 值。使用范例:

<?phprequire("config.inc.php");
@$con = MySQL_connect($host,$dbuser,$dbpass)ordie('无法连接服务器');
?>

其中 config.inc.php 的内容为:

<?php
$host = 'localhost';

$dbuser = ´root´;
$dbpass = ´´;
?>

在这一段程序中,使用了一个用户名为"root"、密码为空的账号连接到一台名为 localhost 的数据库服务器中。其中"@"符号将控制系统的错误信息。当数据库连接失败时,MySQL 一般会给出如下的错误信息:

Warning:MySQLconnectionFailed:Accessdeniedforuser:´root@localhost´ (Usingpassword:YES)

通常来说,这样的错误信息被认为是非常不友好的,一般用户看不懂出现的错误。而如果给出一句提示性文字"无法连接服务器",那么只要懂中文的用户都知道这是数据库的连接出错。为了控制系统的错误信息的出现,只要在容易出错的语句前加上"@"符号,并配合"ordie…"语句,就可以提高出错页面文件的友好度。

(2)mysql_pconnect

打开 MySQL 服务器持续连接。

语法:int mysql_pconnect(string[hostname][:port], string[username], string[password]);

返回值:整数

函数种类:数据库功能

内容说明:本函数和 mysql_connect()的功能基本相同。不同的地方在于,使用本函数打开数据库时,程序会先寻找是否曾经执行过本函数,若执行过则返回先前执行的 ID。另一个不同的是本函数无法使用 mysql_close()来关闭数据库的连接。

(3)mysql_close 函数

关闭 mysql 服务器连接。

语法:int mysql_close(int[link_identifier]);

返回值:整数

函数种类:数据库功能

内容说明:本函数关闭与 mysql 数据库服务器的连接。若无指定参数 link_identifier 则会关闭最后的一次连接。用 mysql_pconnect()连接则无法使用本函数关闭。实际上本函数并不是一定需要的,当 PHP 整页程序结束后,将会自动关闭与数据库的非永久性(non-persistent)连接。成功返回 true,失败返回 false 值。

该函数的功能可以说只停留在理论上,实际中使用这个函数的场合非常少。在本书作者使用 PHP 的过程中,还没有真正使用这个函数。读者只要了解有这么一个函数就可以了。

(4) mysql_select_db 函数

选择一个数据库。

语法：int mysql_select_db(stringdatabase_name,[intlink_identifier]);

返回值：整数

函数种类：数据库功能

内容说明：本函数选择 mysql 服务器中的数据库以供之后的数据查询操作(query)处理。成功返回 true，失败则返回 false。link_identifier 的参数可选，当没有指定时，系统默认使用最近的一个连接标识符。

本函数的功能就像 SQL 中的 use 命令一样，选择需要操作的具体的数据库名。使用范例：

<?php
require("config.inc.php");/*config.inc.php 内容如前例*/
@$link=mysql_connect($host,$dbuser,$dbpass)ordie("无法连接服务器");
@mysql_select_db(xinfei,$link)ordie("无法连接 xinfei 数据库");
?>

现在的操作比刚才又进了一步，选择名为 localhost 的数据库服务器中的 xinfei 数据库，相当于在 mysql 中执行过的命令"usexinfei"。类似服务器连接或数据库连接的 PHP 语句，执行后如果连接正确，在浏览器中是不会有任何显示的，出错了才会有错误信息提示，这一点读者要注意。

(5) mysql_create_db 函数

建立一个 mysql 新数据库。

语法：int mysql_create_db(stringdatabase_name,[intlink_identifier]);

返回值：整数

函数种类：数据库功能

内容说明：本函数用来建立在当前服务器下的新数据库。在建立前，必须先使用 mysql_connect 函数与服务器连接。

(6) mysql_drop_db 函数删除数据库

语法：int mysql_drop_db(stringdatabase_name,[intlink_identifier]);

返回值：整数

函数种类：数据库功能

内容说明：本函数删除已存在的数据库，成功返回 true，失败则返回 false。本函数与上面的 mysql_create_db 函数功能相反。一般情况下，使用 phpMyAdmin 来进行对整个数据库的操作，然后对数据库的操作就限于当前数据库中。这两个函数一般不经常使用。

2. 数据库查询函数

SQL 的查询功能是丰富多彩的,而在 PHP 中,通过一系列的函数同样可以执行任何 SQL 的查询语句,并得到完整的返回结果,下面就来介绍这些函数。

(1)mysql_query 函数

送出一个 query 字符串。

语法:int mysql_query(stringquery,[intlink_identifier]);

函数种类:数据库功能

内容说明:本函数送出 query 字符串供 mysql 做相关的处理或者执行。若没有指定 link_identifier 参数,则程序会自动寻找最近打开的 ID。query 字符串就是所要执行的标准 SQL 语句。当 query 查询字符串是 UPDATE、INSER 及 DELETE时,返回的可能是 true 或者 false;查询的字符串是 SELECT 则返回新的 ID 值。

使用范例:

```
<?php require("config.inc.php");
@$link = mysql_connect($host,$dbuser,$dbpass)ordie("无法连接服务器");
@mysql_select_db(xinfei,$link)ordie("无法连接 xinfei 数据库");
$query = "insertintoexample(name,age)
values('Jackey','24')";
mysql_query($query,$link);
?>
```

上面这段程序实现了将"name"为"Jackey","age"为"24"的记录插入表 example 的操作(前提是 xinfei 数据库中有这样的一个 example 表),执行一段标准的 SQL 语句:

insertintoexample(name,age)values('Jackey','24');

可以说初步实现了 PHP 对 mysql 数据库的操纵。但如果只有本函数,就只能执行一些不要求取得返回值的语句,如 INSERT、UPDATE 及 DELETE 等。而如果希望使用 SELECT 语句,则还应加入取得返回值的函数,相关内容下面将要讲到。

(2)mysql_db_query 函数

送查询字符串(query)到指定的 mysql 数据库。

语法:int mysql_db_query(stringdatabase,stringquery,[intlink_identifier]);

返回值:整数

函数种类:数据库功能

内容说明:本函数用来送出查询字符串(query)到后端指定的 mysql 数据库中。可省略参数 link_identifier。若此参数不存在,则程序会自动寻找其他 mysql_connect()连接后的连接代码。发生错误时会返回 false,没出错则返回它的返回代码。

本函数实现的功能与 mysql_query 函数相同,不同之处在于本函数需要指定所使用的数据库名。适用于那些没有适用 mysql_select_db 函数选择数据库的情形。如果已经选择了数据库,则直接使用 mysql_query 函数即可。

3. 返回值处理函数

当使用 SELECT 语句作为 mysql_query 函数的查询字符串时,必然会返回一系列符合条件的记录,这里的返回值处理函数就是用来处理这些查询语句的返回值。这部分函数无论从数量上还是从功能上看,都是非常丰富的,可以处理任意复杂的返回值。

(1)mysql_fetch_array 函数

返回数组数据。

语法:array mysql_fetch_array(intresult,[intresult_type]);

返回值:数组

函数种类:数据库功能

内容说明:本函数将查询结果 result 拆到数组变量中。若 result 没有数据,则返回 false 值。而本函数可以说是 mysql_fetch_row()的加强函数,除可以将返回列及数字索引放入数组之外,还可以将文字索引放入数组中。若是好几个返回字段都是相同的文字名称,则最后一个置入的字段有效。对此问题的解决方法是适用数字索引或者为这些同名的字段(column)取别名(alias)。

注意,使用本函数的处理速度其实并不比 mysql_fetch_row()函数慢,要用哪个函数还应该依据使用的具体需求决定。参数 result_type 是一个常量值,有以下几种常量:MYSQL_ASSOC、MYSQL_NUM 与 MYSQL_BOTH。

使用范例:

<?php require("config.inc.php");

@$link = mysql_connect($host,$dbuser,$dbpass)ordie("无法连接服务器");

@mysql_select_db(xinfei,$link)ordie("无法连接 xinfei 数据库");

$query = "select * fromexample";

@$result = mysql_query($query,$link)ordie("mysql 出错,查询失

败!");
　　echo"<tableborder = 1>";
　　while($row = mysql_fetch_array($result){
　　echo"<tr>";
　　echo"<td>$row[ID]</td>";echo"<td>$row[name]</td>";echo"<td>$row[age]</td>";echo"<td>$row[time]</td>";echo"</tr>";
　　}
　　echo"</table>";
　　mysql_free_result($result);
　　?>

这段程序实现了使用 HTML 表格列出 example 表中所有记录的详细信息的功能。使用 PHP,把 SQL 语句的查询结果与 HTML 的表格有机地结合起来。

本函数可以说是 mysql 函数库中,除了 mysql_connect 和 mysql_select_db 两个函数之外,使用次数最多的函数了。只要有 SQL 的查询语句,在处理返回结果时,就少不了使用本函数。当然,在某些情况下,可以使用 mysql_fetch_row 函数来代替本函数,这点将在下面讲到。

　　(2)mysql_fetch_row 函数

　　返回单列的各字段。

　　语法:array mysql_fetch_row(intresult);

　　返回值:数组

　　函数种类:数据库功能

　　内容说明:本函数用来将查询结果 result 的每一列拆到数组变量中。数组的下标变量是数字,第 1 个的下标值是 0,第 2 个的下标值是 1,从此向下依次排列。若 result 没有资料,则返回 false 值。

　　使用范例:

　　<?php require("config.inc.php");
　　@$link = mysql_connect($host,$dbuser,$dbpass)ordie("无法连接服务器");
　　@mysql_select_db(xinfei,$link)ordie("无法连接 xinfei 数据库");
　　$query = "select * fromexample";
　　@$result = mysql_query($query,$link)ordie("mysql 出错,查询失败!");
　　echo"<tableborder = 1>";
　　while($row = mysql_fetch_row($result){

```
        echo"<tr>";
        echo"<td>$row[0]</td>";echo"<td>$row[1]</td>";echo"
<td>$row[2]</td>";echo"<td>$row[3]</td>";echo"</tr>";
        }
        echo"</table>";
        mysql_free_result($result);
    ?>
```

这段范例程序实现了与上面 mysql_fetch_array 函数范例相同的结果。由此看出,mysql_fetch_row 与 mysql_fetch_array 的唯一区别就是 mysql_fetch_row 生成的数组中,下标变量是从 0 开始的正整数,而 mysql_fetch_array 生成数组的下标变量是数据库表中列的名字(即各个字段名)。到底使用哪个函数来进行返回值的处理,需要针对具体的应用环境来进行具体的分析。

(3)mysql_fetch_lengths 函数

返回单列各栏数据最大长度。

语法:array mysql_fetch_lengths(intresult);

返回值:数组

函数种类:数据库功能

内容说明:本函数将 mysql_fetch_row()处理过的最后一列的各个字段数据最大长度放在数组变量之中,用于得到结果中各列的最大长度。若执行失败则返回 false 值。返回数组的第一个资料下标值是 0,以后依次增加。

以上讲的这 3 个函数都是对所有返回结果而言的,返回得到的是存储有所有符合条件的查询信息的数组。接下来要讲的几个函数都是针对某个返回结果而言的,返回值大多是单一的字符串,请注意它们使用上的差别。

(4)mysql_data_seek 函数

移动内部返回指针。

语法:int mysql_data_seek(intresult_identifier,introw_number);

返回值:整数

函数种类:数据库功能

内容说明:本函数可移动内部返回的列指针到指定的 row_number 去。之后若使用 mysql_fetch_row()可以返回指定列的记录值。成功返回 true,失败则返回 false。

(5)mysql_field_name 函数

返回指定字段的名称。

语法:string mysql_field_name(intresult,intfield_index);

返回值:字符串

函数种类:数据库功能
内容说明:本函数用来取得指定字段的名称。
使用范例:假设$result是一个数据库查询的返回结果,下面的语句就可以列出结果中第2列字段的名称。
mysql_field_name($result,2);
(6)mysql_field_table函数
获得目前字段的数据表(table)名称。
语法:string mysql_field_table(intresult,intfield_offset);
返回值:字符串
函数种类:数据库功能
内容说明:本函数可以得到目前所在字段的数据表名。
(7)mysql_field_len函数
获得目前字段长度。
语法:string mysql_field_len(intresult,intfield_offset);
返回值:整数
函数种类:数据库功能
内容说明:本函数可以得到目前所在字段的长度。
(8)mysql_num_fields函数
取得返回字段的数目。
语法:int mysql_num_fields(intresult);
返回值:整数
函数种类:数据库功能
内容说明:本函数可以得到返回列(也就是字段)的数目。
(9)mysql_num_rows函数
取得返回行的数目。
语法:int mysql_num_rows(intresult);
返回值:整数
函数种类:数据库功能
内容说明:本函数可以得到结果集中行的数目,即返回了几条记录,本函数与前面的mysql_num_fields函数在处理查询结果时是常用的两个函数,用于控制返回值的长度。
(10)mysql_list_tables函数
列出指定数据库的数据表(table)。
语法:int mysql_list_tables(stringdatabase,[intlink_identifier]);

返回值：整数

函数种类：数据库功能

内容说明：本函数可以得到指定数据库中的所有数据表名称。下面在讲 mysql_tablename 函数时,会讲解本函数的具体用法。

(11)mysql_tablename 函数

获得数据表(table)名称。

语法：string mysql_tablename(intresult,inti);

返回值：字符串

函数种类：数据库功能

内容说明：本函数可取得数据表名称字符串,一般配合 mysql_list_tables()函数使用。

使用范例：

table_list.php

```
<?php
mysql_connect("localhost","root","");
$result = mysql_list_tables("xinfei");
for($i = 0;$i<mysql_num_rows($result);$i++){
echo"Table_".$i.":".mysql_tablename($result,$i)."<br>";


}
mysql_free_result($result);
?>
```

执行结果如图 10-9 所示。

本段程序的功能就是取出 xinfei 数据库中可用的表的名称。其中使用了 mysql_num_rows 和 mysql_list_table 两个函数与本函数相配合,来实现所需要的功能。

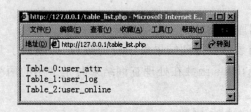

图 10-9　数据表名称列表

本书出于篇幅考虑，仅列出了部分高频使用的函数。可以看到，有了这些返回值处理函数，PHP 可以非常方便地对数据库查询结果进行任意操作，从返回值的内容到数据库中表的名称等等，都可以非常方便地得到。PHP 虽然也支持很多其他类型的数据库，比如 Oracle、Informix 等，但对于其他任何数据库系统，在 PHP 中从来没有过如此多的函数支持，这就是为什么说 PHP 是 mysql 黄金搭档的原因之一。另外，PHP 与 mysql 的免费特性，也是它们迅速走红的重要原因。

如果希望在以上 11 个函数中选出更为精华的内容，本书认为非常常用的函数有以下几个：

①mysql_fetch_array 函数——返回数组数据。
②mysql_fetch_row 函数——返回单列的各字段。
③mysql_num_fields 函数——取得返回字段的数目。
④mysql_num_rows 函数——取得返回行的数目。

这四个函数几乎在每次查询中都要用到，在前面也进行了重点讲解。读者可以回到前面的章节，再次熟悉一下关于它们的内容。

4. 其他函数

除了上面的三类功能明确的函数之外，mysql 函数库中，还有一些涉及到错误处理、数据指针的函数。把这些函数都归为其他函数，在这里做一简单介绍。

(1)mysql_affected_rows 函数

得到 mysql 最后操作影响的列数目。

语法：intm ysql_affected_rows([intlink_identifier]);

返回值：整数

函数种类：数据库功能

内容说明：本函数可得到 mysql 最后查询操作 INSERT、UPDATE 或 DELETE 所影响的列(row)数目。若最后的查询(query)是使用 DELETE 而且没有使用 WHERE 命令，则会删除全部资料，本函数将返回 0。若最后使用的 SELECT，则用本函数不会得到预期的数目，因为要改变 mysql 数据库本函数才有效，欲得到 SELECT 返回的数目需使用 mysql_num_rows()函数。

(2)mysql_errno 函数

返回错误信息代码。

语法：int mysql_errno([intlink_identifier]);

返回值：整数

函数种类：数据库功能

内容说明：本函数可以得到 mysql 数据库服务器的错误代码。通常用在 PHP 网页程序开发阶段，作为 PHP 与 mysql 的排错用途。

(3) mysql_error 函数

返回错误信息。

语法:string mysql_error([int link_identifier]);

返回值:字符串

函数种类:数据库功能

内容说明:本函数可以得到 mysql 数据库服务器的错误。通常用在 PHP 网页程序开发阶段,与 mysql_errno()一起作为 PHP 与 mysql 的排错用途。

使用范例:

```
<?php mysql_connect("remote_host");
echo mysql_errno().":".mysql_error()."<br>";
mysql_select_db("no_exists_db");
echo mysql_errno().":".mysql_error()."<br>";
$result = mysql_query("select * from no_exists_table");
echo mysql_errno().":".mysql_error()."<br>";
?>
```

上面的程序故意让 php 代码去连接根本不存在的数据库服务器"remote_host",在根本不存在的数据库"no_exists_db"中查询根本不存在的表"no_exists_table",然后来看看 mysql 到底会出现什么样的错误提示信息。

(4) mysql_insert_id 函数

返回最后一次使用 INSERT 指令的 ID。

语法:int mysql_insert_id([int link_identifier]);

返回值:整数

函数种类:数据库功能

内容说明:本函数可以得到最后一次使用 INSERT 到 mysql 数据库的执行 ID。

10.7.2 PHP 的记录操作

关于数据库的操作,应该给普通用户提供若干页面,来完成记录的查询、插入、修改、删除操作,使用本章中讲解的 mysql 数据库函数,将很容易达到以上效果。

为了便于演示效果,首先使用 phpMyAdmin 制作如表 10-10 所示的数据表,并且先录入部分记录,如表所示,制作过程不再赘述。在该数据表的基础上,分别讨论记录的查询、插入、修改、删除操作。

假定一个学校环境,数据库名称为 school,数据表名称为 user,插入 5 条数据,字段 ID 为自动增加。

表 10-10 school 数据库中的 user 数据表

ID	name	gender	age	class
1	小强	男	22	04331
2	阿乐	男	18	04332
3	小王	女	19	04333
4	小军	男	21	04333
5	小霞	女	19	04332

1. 查询记录

利用 phpMyAdmin 录入数据库和数据表后,下面的工作就是编写 PHP 页面了。首先利用 PHP 的 mysql 数据库函数实现数据的浏览操作。

程序的基本思路是首先建立与 mysql 数据库的连接,其次执行 SQL 查询,最后处理查询结果,以循环形式将数据输出在 HTML 页面中。程序代码如下:

link.php

```
<html><head><title></title></head>
<table  border = 1 bordercolor = red cellpadding = 1 cellspacing = 1
    align = centerwidth = 400><tr>
<tdalign = center>编号</td>
<tdalign = center>姓名</td>
<tdalign = center>性别</td>
<tdalign = center>年龄</td>
<tdalign = center>班级</td>
</tr>
<? phpmysql _ connect ("localhost","root",""); mysql _ select _ db ("school");

$ sql = "select * from user";
$ result = mysql_query( $ sql);
// $ result 返回值需要做进一步处理
while( $ row = mysql_fetch_array( $ result)){
echo
"<tr><td>". $ row[id]."</td><td>". $ row[name]."</td><td>". $ row[gender]."</td><td>". $ row[age]
```

```
."</td><td>".$row['class']."</td></tr>";
}
/*
```

注意 $row['class'] 中的 class 加了单引号,而其他的数组下标并没有加单引号,是因为 class 是 PHP 中的一个关键字。避免此类混淆的最好方法是不用 class 作字段名,本程序这样使用也是为了说明问题。本章后续的程序请继续注意该问题。

```
*/
?>
</table>
</body></html>
```

将以上页面编辑完毕,放置到 AppServ 安装目录中的 www 子目录下,在 IE 浏览器的地址栏中输入:http://127.0.0.1/link.php,将会看到如图 10-10 所示的效果。

编号	姓名	性别	年龄	班级
1	小强	男	22	04331
2	阿乐	男	18	04332
3	小王	女	19	04333
4	小军	男	21	04333
5	小霞	女	19	04332

图 10-10 数据查询页面 link.php 执行结果

该页面显示了所有学生的信息,而在实际情况下,并不是对所有的学生都感兴趣,而仅想知道某个学生的信息,所以有必要重新做一个页面来实现有选择地查看学生信息。

程序代码如下:

query.php

```
<?php mysql_connect("localhost","root",""); mysql_select_db("school");
//以上为头部数据库连接部分,为以下公用的部分。
if(!$id){
$result = mysql_query("select * from user");
while($row = mysql_fetch_array($result)){
echo $row[id].".."."<a href=query.php?id=".$row[id].">".
$row[name]."</a><br>";
```

}

}
else{
$sql="select * from user whereid= $id";
$result = mysql_query($sql);
$row = mysql_fetch_array($result);
echo

$row[id]."
". $row[name]."
". $row[gender]."
". $row[age]."
". $row['class'];

}?>echo"

<ahref = query.php>继续查询</a>";

将以上页面编辑完毕,放置到 AppServ 安装目录中的 www 子目录下,在 IE 浏览器的地址栏中输入:http://127.0.0.1/query.php,将会看到如图 10-11 所示的效果。

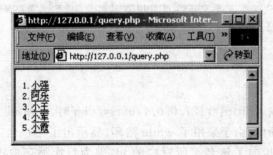

图 10-11 数据查询页面 query.php 执行结果

在图 10-11 所示的页面中,点击其中一个超链接,比如点击小王,将会打开小王的详细信息,如图 10-12 所示。

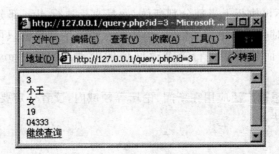

图 10-12 点击"小王"后的显示结果

为理解该程序段,需要首先理解一种利用 http 地址头送出变量的特殊用法。下面看一个 http 地址头:

http://127.0.0.1/query.php? id = 3

在 IE 地址栏中输入以上地址头后,将打开本机的 Web 发布目录 www 中的 query.php 页面,同时将值为 3 的变量 id 送入该页面。这种方法可以灵活地运用变量控制页面显示结果,是 php 编程中常用的方法。事实上,一次可以送出多个变量,比如下面的例子:

http://127.0.0.1/query.php? db = 6482&id = 7&pw = 2

这个地址头在打开 query.php 页面的同时,送出了 db、id 和 pw 三个变量,值分别是 6482、7 和 2。有了在地址栏送出变量的基础,就可以理解上面的程序段了。该程序被明显地分成了两块,第一块是"if(!$id)"分支部分,该部分完成名字列表的显示工作。"!$id"说明变量 $id 未出现,或为假值。

if(!$id){
 $result = mysql_query("select * fromuser");
 while($row = mysql_fetch_array($result)){
 echo $row[id].".". "<ahref = query.php? id = ". $row[id].">". $row[name]."</a>
";

}
}

当在地址栏输入 http://127.0.0.1/query.php 时,变量 id 并不存在,所以首先执行上面的判断体,由于采用了 while 循环,显示出了用户名字的列表,同时每个名字的超链接指向了该名字所对应的 id,因为每次循环取出的 $row[id] 和 $row[name] 是对应的。当用户点击某个名字的超链接时,比如图 10-12 所示,点击小王的超链接,对应的 id 是 3,地址头是 http://127.0.0.1/query.php? id=3,这时重新打开 query.php 页面,但是同时送出了变量 id,值为 3,所以重新打开的 query.php 页面不再执行上半部分判断体,而是直接执行 else 部分,根据送出的变量 id=3,查询出对应的学生详细信息,由于此次查询的结果值只可能有一个值,所以不再采用循环,而是直接进行查询返回值的处理:$row = mysql_fetch_array ($result)。

该程序的思想被广泛应用在新闻、论坛等领域内,读者一定要牢固掌握本程序中变量的传送方法。

2. 插入记录

数据库中的数据需要不断充实,使用 phpMyAdmin 来插入数据无疑是很不方

便、不安全的,所以现在需要了解怎样使用自己制作的页面来插入数据。程序如下:

insert.php

<?phpmysql_connect("localhost","root",""); mysql_select_db("school");

if($ok){
$sql = "insertintouservalues ('',' $name',' $gender',' $age',' $class')";
$result = mysql_query($sql);
echo"记录已经成功插入
<ahref='modify.php'>继续插入记录</a>";
}
else{
?>

<form method=post action=insert.php>姓名<input type=text name="name">
性别<input type=text name="gender">
年龄<input type=text name="age">
班级<input type=text name="class">

<input type=submit name=ok value="提交">
</form>
<?
}//此处 PHP 与 HTML 的灵活结合可以让您充分体验 PHP 的优越性
?>

将以上页面编辑完毕,放置到 AppServ 安装目录中的 www 子目录下,在 IE 浏览器的地址栏中输入:http://127.0.0.1/insert.php,将会看到如图 10-13 所示的效果。

该页面比较简单,一般的思路是先做出表单,然后添加 PHP 代码部分。当用户打开表单时,因为"提交"按钮未被点击,按钮所对应的变量 $ok 未被赋值,便执行 if 判断体的 else 部分,即表单的显示部分,当用户填写完所有的表单项后,点击"提交按钮",变量 $ok 被赋值,页面被提交时,重新打开 insert.php(即自己打开自己),由于 $ok 已被赋值,所以直接执行 if 判断体的前半部分,即:

图 10 – 13　数据插入表单

$sql = "insert into user values('','$name','$gender','$age','$class')";
$result = mysql_query($sql);

该语句将用户填写的 name、gender、age、class 四个数据送入 school 数据库中的 user 表，因为字段"id"为自动增加字段，所以用户无需输入数据，而是写了一对空白的引号，所以总共向 user 表送入了 5 个字段。

3. 修改记录

用户将数据写入数据库后，可能会突然发现某些数据写错了，或者用户有意识地想修改某个或某些数据，如果进入 phpMyAdmin 来修改，固然是可以的，但是这样会对数据库的安全带来威胁，并且并不是每个用户都能进入 phpMyAdmin 的。所以现在要讨论如何制作独立的页面来实现数据表的修改。

记录数据的修改和浏览有类似之处，也是先列出学生的名字列表，当点击某学生时，弹出一个表单页面，在该表单中，可以修改该学生的原始数据，修改后，再点击提交按钮，将数据表中的数据作相应修改。代码如下：

```
modify.php
<? mysql_connect("localhost","","");
mysql_select_db("school");
if(! $id){
$result = mysql_query("select * from user");
while($row = mysql_fetch_array($result)){
echo $row[id]."."."<a href = modify.php? id = ".$row[id].">".$row[name]."</a><br>";
}
}//显示列表的内容
```

```
else{
if(!$ok){
$sql="select * from user whereid=$id";
$result=mysql_query($sql);
$row=mysql_fetch_array($result);
?>
<form method=post action='modify.php?id=<? echo $id;?>'>
<?
echo $row[id]."<br>";
?>
姓名<input type=text name="name" value=<? echo $row[name];?>>
<br>性别<input type=textname="gender" value=<? echo $row[gender];?>><br>年龄<input type=text name="age" value=<? echo $row[age];?>><br>班级<input type=text name="class" value=<? echo $row['class'];?>><br>
<inputtype=submit name=ok value="提交">
</form>
<?

}//if(!$ok部分)
//下面处理ok被激活后更新数据表中的数据
else{//针对$ok被激活后的处理：
$sql="update userset name='$name',gender='$gender',age='$age',class='$class'where id='$id'";//此处的多对单引号必不可少,因为均为文本字段!
mysql_query($sql);
echo"记录已经成功修改<br><a href='modify.php'>继续修改记录</a>";
}
}//else($id部分)
?>
```

将以上页面编辑完毕，放置到 AppServ 安装目录中的 www 子目录下，在 IE 浏览器的地址栏中输入：http://127.0.0.1/modify.php，将会看到如图 10-14 所示的效果。

对学生信息的修改页面和学生信息的查询页面相似，仅由一段代码实现，图

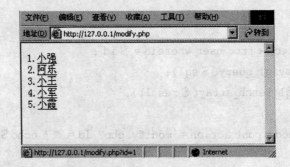

图 10-14 待修改的学生姓名列表

10-14 和图 10-15 页面的显示是由代码中的判断结构来实现的。在该代码中,同样利用了超链接送出变量值的方法,具体的语句如下:

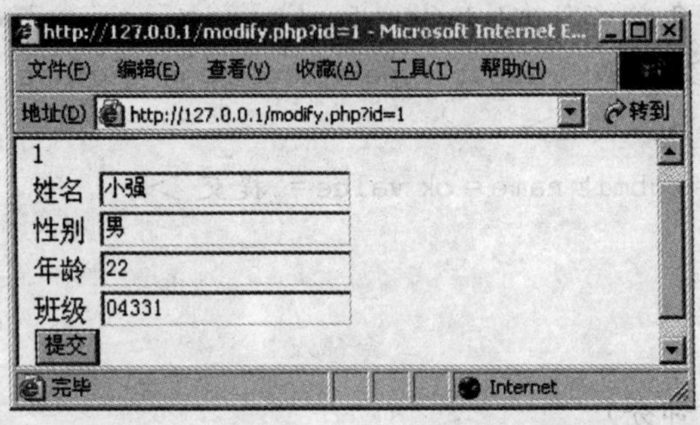

图 10-15 学生信息修改表单

```
while( $row = mysql_fetch_array( $result)){
echo $row[id].".".."<a href = modify.php? id = ". $row[id]."> ". $row[name]."</a><br>";
}
```

该句循环,实现了所有学生姓名的显示,在姓名的超链接上,各自附带着姓名所对应的学生 ID,当鼠标指向某个学生的超链接时,id 值随即显示在 IE 浏览器的状态栏,比如指向"小强"时,其超链接如下:

http://127.0.0.1/modify.php? id = 1

4. 删除记录

记录的删除可以在 phpMyAdmin 中进行,但是正如前所述,存在风险,并且不方便,下面讨论如何制作 PHP 页面来删除选定的记录。

代码如下:

```
<? mysql_connect("localhost","","");
mysql_select_db("school");
if(!$id){
echo"请选择要删除的学生：<br>";
$result = mysql_query("select * from user");
while($row = mysql_fetch_array($result)){
echo $row[id].".".."<a href = delete.php? id =". $row[id].">". $row[name] "</a><br>";

}
}//显示列表的内容
else{//根据ID删除记录：
$sql = "delete from user whereid = $id";
mysql_query($sql);
echo"已经删除该同学的记录,<a href = delete.php>返回</a>";

}
?>
```

将以上页面编辑完毕,放置到 AppServ 安装目录中的 www 子目录下,在 IE 浏览器的地址栏中输入：http://127.0.0.1/delete.php,将会看到如图 10-16 所示的效果。

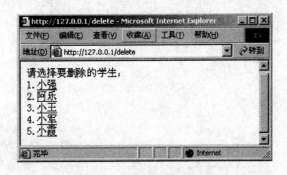

图 10-16 删除记录

在该页面中,选择要删除的学生姓名,单击链接,即可以删除该学生的记录。该页面也由判断结构分为两块,第一块当用户刚刚打开页面时,由于用户尚未点击学生姓名链接,所以直接显示学生姓名的链接列表。第二块当用户点击某个学生

的链接时,链接所对应的变量 id 被激活,重新打开本页面,运行判断结构的 else 部分,即删除记录的 SQL 语句:

delete from user where id = $id

根据学生名字的超链接送出的 id,删除该 id 所对应的记录,删除后,出现如图 10-17 所示的页面,点击"返回",可以继续删除特定的记录。

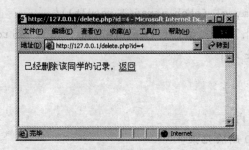

图 10-17 删除完成

总结以上对数据库记录的操作,无外乎包括查询、插入、修改、删除,这些操作完全依赖 SQL 语句,希望读者能够牢固掌握。

参考文献

[1] Larry Ullman. PHP 与 MySQL 基础教程[M]. 北京:人民邮电出版社,2007.
[2] W. Jason Gilmore. PHP 与 MySQL 5 程序设计[M]. 2 版. 北京:人民邮电出版社,2007.
[3] Michael Kofler. MySQL 5 权威指南[M]. 北京:人民邮电出版社,2006.

参考文献

[1] Larry Ullman. PHP与MySQL程序设计[M].北京:人民邮电出版社, 2007.
[2] W Jason Gilmore. PHP与MySQL专业开发[M]. 李强,译.北京: 人民邮电出版社, 2007.
[3] Michael Kofler. MySQL 5权威指南[M]. 北京:人民邮电出版社, 2006.